Nordrhein-Westfälische Akademie der Wissenschaften

Geisteswissenschaften					Vorträge · G 379

Herausgegeben von der
Nordrhein-Westfälischen Akademie der Wissenschaften

KLAUS BERGDOLT

Zwischen „scientia" und „studia humanitatis".
Die Versöhnung von Medizin und Humanismus um 1500

Westdeutscher Verlag

439. Sitzung am 20. Juni 2001 in Düsseldorf

Die Deutsche Bibliothek – CIP-Einheitsaufnahme

Ein Titeldatensatz für diese Publikation ist bei
Der Deutschen Bibliothek erhältlich.

Alle Rechte vorbehalten
© Westdeutscher Verlag GmbH, Wiesbaden, 2001

Der Westdeutsche Verlag ist ein Unternehmen der Fachverlagsgruppe BertelsmannSpringer.

Das Werk einschließlich aller seiner Teile ist urheberrechtlich geschützt. Jede Verwertung außerhalb der engen Grenzen des Urheberrechtsgesetzes ist ohne Zustimmung des Verlages unzulässig und strafbar. Das gilt insbesondere für Vervielfältigungen, Übersetzungen, Mikroverfilmungen und die Einspeicherung und Verarbeitung in elektronischen Systemen.

Gedruckt auf säurefreiem Papier.
Herstellung: Westdeutscher Verlag

ISBN-13: 978-3-531-07379-8            e-ISBN-13: 978-3-322-86469-7
DOI: 10.1007/978-3-322-86469-7

In der ersten Hälfte des 16. Jahrhunderts bahnten sich in der europäischen Medizin, besonders auf dem Feld der Anatomie, einschneidende Neuerungen an, welche Folgen umfassender kultureller und epistemologischer Umwälzungen waren und von weiteren innovativen Erkenntnissen in den naturwissenschaftlichen Disziplinen – man denke nur an die wissenschaftliche Botanik[1], die Astronomie[2] oder das Bergbauwesen[3] – begleitet wurden[4]. Zwar zögert

---

[1] Durch Privatinitiative einzelner Gelehrter gegründeten botanischen Gärten (Euricius Cordus in Marburg 1527, Leonhart Fuchs in Tübingen 1535) folgten in Italien die ersten großen, von Universitäten unterhaltenen „Orti botanici" in Padua (Juni 1545), Pisa (Sommer 1545) und Florenz (November 1545). Erwähnt werden muß auch die nach 1500 aufblühende Produktion umfassender Herbarien und gedruckter „Kräuterbücher", vgl. J. de Koning, Development of Botany in the sixteenth century, in: A. Minelli (Hrsg.), The Botanical Garden of Padua 1545–1995. Venedig 1995, S. 11–31; ferner V. Dal Piaz und M. Rippa Bonati, The Design and Form of the Padua Horto Medicinale, ibd. S. 33–54; ferner D. von Engelhardt, Luca Ghini (um 1490–1556) und die Botanik des 16. Jahrhunderts. Leben, Initiativen, Kontakte, Resonanz, in: Medizinhistorisches Journal 30 (1995), S. 3–49; ferner U. von Rath, Botanik und Pharmakologie in der Renaissance (= Veröffentlichungen der Stadtbibliothek Lübeck, 3. Reihe, Bd. 1). Lübeck 1998; ferner D. Schäfer, Entwicklung eines Hortus Medicus nach medizinhistorischen Gesichtspunkten – ein Werkstattbericht, in: Historia Hospitalium 21 (1998–99), S. 189–213; ferner I. Heinze, Ein Leben für die Wissenschaft. Biographische Skizze, in: Leonhart Fuchs 1501–1566. Mediziner und Botaniker (Ausstellungskatalog). Tübingen 2001, hier S. 18; ferner B. Baumann, H. Baumann und S. Baumann-Schleihauf (Hrsg.), Die Kräuterbuchhandschrift des Leonhart Fuchs. Stuttgart 2001, hier bes. S. 11–23

[2] zur Astrologie besonders M. Boas, Die Renaissance der Naturwissenschaften 1450–1630 (The Scientific Renaissance 1450–1630, London 1962). Übersetzt von M. Trier und T.A. Knust. Nördlingen 1988, S. 76–99

[3] vgl. die Schrift „De re metallica" des Chemnitzer Arztes Georg Agricola (1556), hierzu Boas (wie Anm. 2), S. 174; auch in der Zoologie gab es kritische und revolutionäre Neuausgaben, allerdings erst gegen Ende des Jahrhunderts, vgl. Conrad Gessners fünfbändige „Historia animalium" (Zürich 1551–87) oder Ulisse Aldovrandinis „Ornithologiae hoc est de avibus historiae libri XII" (Bologna 1599)

[4] Von Vesals Entdeckungen abgesehen, wären hier erste Versuche eines „Bed-Side-Teaching" durch Giovanni Battista del Monte in Padua, aber auch an Entdeckungsleistungen anderer Ärzte wie Realdo Colombo, der in Padua den „kleinen (Lungen)kreislauf" nachweisen konnte, zu nennen, vgl. L. Premuda (1), L'Ospedale di Padova nella storia, in: A. Lorenzi, L. Premuda und C. Riga (Hrsg.), L'ospedale Civile di Padova. Il suo rinnovamento, la sua storia, le sue moderne attrezzature al servizio dell'uomo. Padua 1968, S. 19–46; ferner ders. (2), Il „secolo dell'anatomia", in: I secoli d'oro della medicina. 700 anni di scienza medica a Padova. Modena 1986, S. 43–50

man heute, der traditionellen Medizingeschichte zu folgen[5], die in Vesals „Tabulae anatomicae sex" (1538), vor allem aber in dessen epochalem, 1543 in Basel gedrucktem Werk „De humani corporis fabrica libri VII" nicht nur die Grundlagen „der modernen Anatomie" zu erkennen glaubte[6], sondern den entscheidenden Schritt in die neuzeitliche Heilkunde schlechthin, der erst „alle medizinische und naturwissenschaftliche Forschung ermöglichte"[7] (wie man schon seit längerem davon abgerückt ist, mit dem Publikationsjahr von Kopernikus' „De revolutionibus orbium caelestium" (ebenfalls 1543) eine echte wissenschaftliche Revolution bzw. methodische „Wende" zu verbinden[8]), doch weist die Epoche zwischen 1520 und 1550, was medizinische Forschung, Praxis und Unterrichtsmethodik angeht, vor allem an den oberitalienischen Universitäten Padua und Bologna[9], aber auch an französischen und deutschen Hochschulen[10], unbestreitbar eine Fülle von Neuerungen und revolutionären Schrit-

---

[5] so etwa M. Roth. Andreas Vesalius Bruxellensis. Berlin 1892; L. Edelstein, Andreas Vesalius, the Humanist, in: Bull. Hist. Med. 14 (1943), S. 547–561; J.B. Saunders, Vesalius as a clinician, in: Bull. Hist. Med. 14 (1943), S. 594–608; J.B. Saunders, C. D. O'Malley, The Illustrations from the works of Andreas Vesalius of Brussels. With annotations and translations, a discussion of the plates and their background, autorship and influence, and a biographical sketch of Vesalius. Cleveland/New York 1950; ferner C. D. O'Malley, Andreas Vesalius of Brussels 1514–1564. Berkeley/Los Angeles 1965; ferner R. Eriksson, Andreas Vesalius' first public Anatomy at Bologna 1540. Uppsala/Stockholm 1959; G. Ongaro, La medicina nello studio di Padova e nel Veneto, in: Storia della Cultura Veneta 3/III. Hrsg. von G. Arnaldi und M. Stocchi Pastore. Vicenza 1981, S. 75–134; M. Putscher, Ein Totentanz von Tizian. Die 17 großen Holzschnitte zur Fabrica Vesals (1538–1542), in: W. Göpfert und H. H. Otten (Hrsg.). Metanoeite. Wandelt euch durch neues Denken. Festschrift für Professor Hans Schadewaldt zur Vollendung des 60. Lebensjahres. Düsseldorf 1983, S. 23–40; ferner Premuda (1986) (wie Anm. 4)

[6] zur traditionellen Auffassung kritisch M. Sonntag, Die Zerlegung des Mikrokosmos: Der Körper in der Anatomie des 16. Jahrhunderts, in: D. Kamper/Ch. Wulf (Hrsg.), Transfigurationen des Körpers. Spuren der Gewalt in der Geschichte (= Reihe Historische Anthropologie 6). Berlin 1989, S. 59–96, hier S. 59–61

[7] so C. Elze, Zur 400jährigen Wiederkehr der Begründung der anatomischen Forschung durch Vesal (1943), zit. nach R. Toellner, „Renata dissectionis ars". Vesals Stellung zu Galen in ihren wissenschaftsgeschichtlichen Voraussetzungen und Folgen, in: A. Buck (Hrsg.), Die Rezeption der Antike (= Wolfenbüttler Abhandlungen zur Renaissanceforschung 1). Hamburg 1981, hier S. 87

[8] vgl. hierzu bereits H. Butterfield, The origins of modern science 1300–1800. London 1957, hier S. 17–36 („The conservatism of Copernicus"); hierzu auch F. Krafft, Die sogenannte copernicanische Revolution. Das Entstehen einer neuen physikalischen Astronomie aus alter Astronomie und alter Physik, in: Physik und Didaktik 2 (1974), S. 276–290; ferner Sonntag (wie Anm. 6), S. 59 und 62f.

[9] vgl. Premuda (wie Anm. 4,1); Ongaro (wie Anm. 5)

[10] Man denke an die reichliche Produktion von „Kräuterbüchern" und Herbarien nördlich der Alpen (vgl. Anm. 1), aber auch an die Bedeutung von Arztpersönlichkeiten wie Jean Fernel (gest. 1557), Ambroise Paré (gest. 1590) oder Leonhart Fuchs (gest. 1566), vgl. C. Sherrington, The Endeavour of Jean Fernel. Cambridge 1946; W. B. Hamby, Ambroise Paré. Surgeon of the Renaissance. St. Louis 1967; zu Leonhart Fuchs vgl. den aktuellen Ausstellungskatalog „Leonhart Fuchs 1501–1566. Mediziner und Botaniker". Tübingen 2001

ten auf, deren Folgen für die ärztliche Ausbildung der folgenden Jahrhunderte mehr oder weniger einschneidend waren. Ungeachtet der heutigen Diskussion über die Frage, ob damals in den einzelnen naturwissenschaftlichen Disziplinen ein echter Paradigmenwechsel stattgefunden hat[11], waren zumindest die ärztlichen Protagonisten dieses Prozesses – an Selbstbewußtsein übrigens durchaus den bildenden Künstlern vergleichbar[12] – vom Umbruchscharakter der Zeit überzeugt[13]. Im Jahre 1542 schrieb so Andreas Vesalius, „daß diejenigen, die jetzt dem alten, in vielen Schulen wieder zu seinem einstigen Glanz gekommenen Medizinstudium obliegen, zu ihrer Zufriedenheit zu merken beginnen, wie wenig die Menschen auf dem Felde der Anatomie von Galens Zeiten bis auf den heutigen Tag geleistet haben"[14]. Auch nach Jean Fernel (1497?–1558), einem prominenten, philosophisch orientierten Medizinprofessor an der Sorbonne, waren Wissenschaften und Künste nach „fast 1200 Jahren" zu neuem Leben erwacht, wobei, so die Überzeugung des Leibarztes des französischen Königs, besonders die Medizin ihren „ursprünglichen (antiken), wenn nicht helleren Glanz" wiedererlangt hatte. Seine Epoche brauche sich, so der Tenor seines 1548 fertiggestellten, doch erst 1577 in Frankfurt am Main gedruckten Werkes „De abditis rerum causis libri duo", in keiner Weise mehr vor der Antike zu verstecken[15]. Im Gegensatz zur italienischen Tradition wie zu Vesal war Fernel dabei weniger von der Notwendigkeit der anatomischen als der *klinischen* Praxis, d. h. der ärztlichen Erfahrung überzeugt[16].

Diese für die ältere Medizin von der Spätantike bis zur Frührenaissance nicht sehr schmeichelhaften Bemerkungen – folgerichtig hatte noch um 1510

---

[11] vgl. Sonntag (wie Anm. 6)
[12] zum Fortschrittsglauben bei bildenden Künstlern von Cennini bis Ghiberti vgl. Der Dritte Kommentar Lorenzo Ghibertis – Naturwissenschaften und Medizin in der Kunsttheorie der Frührenaissance. Eingeleitet, kommentiert und übersetzt von Klaus Bergdolt. Weinheim 1988, S. XXXVIIf.
[13] Vesal selbst bringt den neuen Aufschwung mit dem glorreichen Wirken Karls V. in Zusammenhang, vgl. Andreae Vesalii Bruxellensis, Scholae medicorum Patavinae professoris, de Humani corporis fabrica libri septem. Basel 1543 (Reprint Brüssel 1984), Widmung an den Kaiser, Doppelseite 3 („Porro quum illa iam pridem in tanta huius saeculi (quod tuo nomine prudenter moderari volunt superi) foelicitate cum omnibus studiis ita revivescere, atque a profundissimis tenebris caput suum erigere coepisset, ut veterem candorem citra controversiam in nonnullis Academiis propemodum recuperasse videretur"). Hierzu auch G. Fichtner, Reformation oder Renaissance der Medizin?, in: Festschrift Walter Haug und Burghart Wachinger. Tübingen 1992, S. 943–954, hier S. 943f.
[14] vgl. Andreae Vesalii Bruxellensis, Scholae medicorum Patavinae professoris, suorum de Humani Corporis fabrica librorum Epitome. Basel 1543, S. XXXV; dt. auch zitiert bei Boas (wie Anm. 2), S. 142
[15] J. Fernel, De abditis rerum causis libri. Frankfurt am Main 1977, S. 3f., zit. bei Fichtner (wie Anm. 13), hier S. 943f.
[16] hierzu Boas (wie Anm. 2), S. 167

der Basler Arzt und Erasmus-Freund Wilhelm Kopp geklagt, daß sich niemand von Bildung und Kultur mit der heruntergekommenen Heilkunde beschäftigen wolle[17] – waren vom Stolz auf die eigenen Entdeckungen und eine neue, von kritischem Geist durchdrungene Epoche geprägt. Tatsächlich erscheint noch dem heutigen Betrachter z. B. der Emanzipationsprozeß des Fachs Anatomie *vor* dem 16. Jahrhundert, wie sich die amerikanische Wissenschaftshistorikerin Marie Boas ausdrückte, „genauso rätselhaft langsam, wie er nach 1500 erstaunlich schnell ist"[18]. Obgleich sie „zwischen dem Anfang des vierzehnten und dem Ende des fünfzehnten Jahrhunderts ... trotz des Erscheinens stark verbesserter Texte und trotz der Hilfe der Druckkunst tatsächlich keine Fortschritte machte, sondern absank" (Charles Singer[19]), schob sich die Anatomie spätestens um 1520 als neue medizinische Schlüsseldisziplin, von Ärzten, Humanisten und Künstlern in gleicher Weise bewundert, in die Reihe der anerkannten Künste – und mit ihr die ganze, von einigen Intellektuellen kurze Zeit vorher noch als „ars mechanica" belächelte Heilkunde. Es war die Zeit, in der Leonardo, bekanntlich ein umfassend, wenn auch nicht im klassischen Sinn „humanistisch"[20] gebildeter und interessierter Intellektueller, ohne Zögern bekannte, er habe, um die Blutgefäße darzustellen, „mehr als zehn menschliche Körper zerlegt, alle andern Glieder abtrennend, mit den winzigsten Teilen alles Fleisch entfernend, das sich rings um diese Adern befand, ohne Blut zu vergießen"[21]. Daß sich ein führender Künstler, Forscher und Ästhet einer solchen, vor kurzem noch verachteten und verdächtigten Tätigkeit hingab, mußte, wie wir sehen werden, bei den meisten gebildeten Zeitgenossen Erstaunen hervorrufen[22].

Als Symbolfigur dieses für die europäische Kulturgeschichte folgenreichen Annäherungsprozesses von Geisteswissenschaften, bildender Kunst und Medizin kann der bereits erwähnte Andreas Vesalius gelten, der spätere Leib-

---

[17] vgl. G. Baader, Die Antikerezeption in der Entwicklung der medizinischen Wissenschaft während der Renaissance, in: Humanismus und Medizin (= Mitteilung XI der Kommission für Humanismusforschung der DFG). Hrsg. von R. Schmitz und G. Keil). Weinheim 1984, S. 51–66, hier S. 59f.

[18] Boas (wie Anm. 2), S. 143

[19] zit. nach C. Singer, Zusammenfließen von Humanismus, Anatomie und Kunst, in: Zu Begriff und Problem der Renaissance. Hrsg. Von A. Buck (= Wege der Forschung Bd. CCIV). Darmstadt 1969, hier S. 332

[20] Leonardo beherrschte im Gegensatz zu Vesal nicht Griechisch und hatte wahrscheinlich nur geringe Lateinkenntnisse, vgl. S. B. Nuland, Leonardo da Vinci. New York 2000, hier S. 21f.

[21] vgl. Leonardo da Vinci, Philosophische Tagebücher. Italienisch und Deutsch. Zusammengestellt, übersetzt und mit einem Essay „Zum Verständnis der Texte" und einer Bibliographie herausgegeben von Giuseppe Zamboni. (= Philosophie des Humanismus und der Renaissance 2). Hamburg 1958, S. 81 („Proemio dell'Anatomia)

[22] vgl. unten S. 40f

arzt Karls V. und Philipps II. und berühmteste Anatom seiner Zeit[23], der 1514 in Brüssel geboren wurde und 1564 als Heilig-Land-Pilger auf der Insel Zante starb[24]. Die folgende Untersuchung hat freilich weniger seine bekannten, in der Medizingeschichte oft genug diskutierten Entdeckungen zum Inhalt[25]. Sie kreist vielmehr um das intellektuelle Umfeld, d. h. die geistesgeschichtlichen Voraussetzungen, welche um 1500 Ärzte und Humanisten veranlaßten, dieselbe Bildung anzustreben und in etwa dieselben kulturellen Interessen zu verfolgen. Erst der Blick auf ein traditionelles, letztlich von Petrarca begründetes Spannungsverhältnis zwischen Universitätsmedizin und Humanismus läßt erahnen, wie hoch wir etwa das weitaus weniger bekannte *philologische* Engagement dieses Arztes wie einiger seiner zeitgenössischen Kollegen einschätzen müssen: Er übersetzte im Rahmen der 1541 im venezianischen Verlagshaus Giunta erschienenen Gesamtausgabe Galens Bücher „De venarum arteriarumque dissectione" und „De nervorum dissectione" und verbesserte entscheidend den Text der 1531 von seinem Pariser Lehrer Johann Winter von Andernach besorgten Edition von „De anatomicis administrationibus", eines weiteren galenischen Werks zur praktischen Sektion[26].

[23] zu Vesal vgl. Edelstein (wie Anm. 5); Saunders (wie Anm. 5); O'Malley (wie Anm. 5); G. Rath, Pre-Vesalian anatomy in the light of modern research, in: Bull. Hist. Med. 35 (1961), S. 142–148; M. Kemp, A drawing for the Fabrica, and some thoughts upon the Vesalius muscle-men, in: Med. History 14 (1970), S. 277–288; Toellner (wie Anm. 7), S. 85–95; Ongaro (wie Anm. 5); Putscher (wie Anm. 5); Premuda (1986) (1) (wie Anm. 4); G. Harcourt, Andreas Vesalius and the anatomy of antique sculture, in: Representations 17 (1987), S. 28–61; M. Boas (wie Anm. 2); M. Putscher, Andreas Vesalius (1514–1564), in: D. v. Engelhardt (Hrsg.), Klassiker der Medizin I (Von Hippokrates bis Christoph Wilhelm Hufeland). München 1991, S. 113–129; K. B. Roberts, J. W. D. Tomlinson, The fabric of the body. European Traditions of Anatomical Illustration. Oxford 1992; R. Hildebrand, Ein menschliches Bild vom Menschen? Zum Wandel des Menschenbildes in der Anatomie, in: Ann. Anat. 175 (1993), S. 519–529; G. Fichtner, Die verlorene Einheit der Medizin und das „Handwerk". Ein unbekannter Stammbucheintrag Andreas Vesals als Schlüssel zu seinem Lebenswerk, in: P. Kröner und Th. Rütten, K. Wiesemann, U. Wiesing (Hrsg.), Ars medica. Verlorene Einheit der Medizin. Stuttgart, Jena, New York 1995, S. 5–23; R. Hildebrand, Zum Bilde des Menschen in der Anatomie der Renaissance: Andreae Vesalii De humani corporis fabrica libri septem. Basel 1543, in: Ann. Anat. 178 (1996), S. 375–384; I.W. Müller, Die neue Anatomie des Menschen in der Renaissance. Vesal und seine „Fabrica", in: H. Schott (Hrsg.), Meilensteine der Medizin. Dortmund 1996, S. 187–194; W. F. Richardson, On the Fabric of the Human Body. A Translation of De Humani Corporis Fabrica libri septem (Einleitung). San Francisco 1998, S. ix–xliii
[24] zu den biographischen Daten vgl. O'Malley (1965) (wie Anm. 5)
[25] zur diesbezüglichen umfassenden Literatur vgl. Anm. 5 und 23 (Auswahl)
[26] zum Verlagshaus Giunta vgl. N. Pozza, Jenson, Valdarfer, Ratdolt e altri stampatori, in: Storia della Cultura Veneta 3/III (Dal primo Quattrocento al consilio di Trento, hrsg. von G. Arnaldi und M. Pastore Stocchi). Vicenza 1980, hier S. 223; zu Vesals Beiträgen zur Galen-Gesamtausgabe von 1541 siehe H. Cushing, A Biobibliography of Andreas Vesalius (= Historical Library, Yale Medical Library 6). New York 1943, S. 66; hierzu auch „Andreas Vesalius", in: Biographisches Lexikon der hervorragenden Ärzte aller Zeiten und Völker Bd. V (Hrsg. von A. Hirsch)

Nun könnte die relativ große Zahl bedeutender, auch humanistisch geschulter Ärzte und Anatomen des 16. Jahrhunderts – von dem Nürnberger Hartmann Schedel (1440–1514), der mehr als Sammler und Herausgeber historischer Werke bekannt wurde[27], bis zu dem Veroneser Fracastoro (1478–1553), dessen Lehrgedichte und „Carmina" zu den großen Schöpfungen neulateinischer Literatur zählen[28], von Vesal, dem berühmtesten Anatomen der Epoche, bis zu dem einflußreichen Tübinger Arzt und Botaniker Leonhart Fuchs (1501–1566)[29], von dem Ferrareser Professor, Übersetzer und Sammler alter Codices Niccolò Leoniceno (1428–1524)[30], der mit Polizian und Erasmus befreundet war, bis zu dessen sprachgebildetem Fakultätskollegen Giovanni Manardi (1462–1536), „the first modern humanist Galenist"[31], von dem Platoniker und Philosophenarzt Ficino, dem Freund des Lorenzo Magnifico[32], bis zu Johannes Sinapius (1505–1560), dem Melanchthon-Vertrauten und Heidelberger Graezistik-Professor, der nach Ferrara übersiedelte, um bei Leoniceno und Manardi Medizin zu studieren[33], ließe sich schon in der ersten Hälfte eine beeindruckende Linie ziehen[34] – zunächst die Frage nahelegen, warum sich ein Arzt zur Glanzzeit der italienischen Renaissance denn *nicht*, wie so viele andere Gelehrte der Epoche, in den „studia humanitatis" hätte üben dürfen, wie wohl als erster der Florentiner Staatskanzler Coluccio Salutati (in einem Brief vom 10. September 1401) Grammatik, Rhetorik, Dichtkunst, Geschichte und Moralphilosophie zusammengefaßt, ja als Grundpfeiler humanistischen

---

(1934). Nachdruck München Berlin 1962, S. 737f.; ferner Th. Rütten/S. Jacobs, Vesal, Andreas, in: Ärztelexikon. Von der Antike bis zum 20. Jahrhundert. Hrsg. von C. Gradmann und W. U. Eckart. München 1995, S. 362–364; dazu auch Baader (wie Anm. 17), S. 61–64

[27] zu Hartmann Schedel vgl. E. Rücker, Hartmann Schedels Weltchronik. Das größte Buchunternehmen der Dürerzeit. Mit einem Katalog der Städteansichten. München 1988; ferner B. Hernad, Die Graphiksammlung des Humanisten Hartmann Schedel. München 1990

[28] zu Fracastoro ausführlich Ongaro (wie Anm. 5), S. 112–118

[29] zu Fuchs ausführlich Anm. 10

[30] zu Leoniceno vgl. T. Joutsivuo, Scholastic Tradition and Humanist innovation. The concept of Neutrum in Renaissance Medicine (= Sarja-ser. Humaniora node-tom 303). Helsinki/Saarijärvi 1999, S. 23–25

[31] zu Manardi vgl. ibd. S. 35f., 76f., 81f., 88–93

[32] zu Ficino vgl. Marsilio Ficino, Opera omnia. Basel 1561, 2. Aufl. 1576; unveränderter Neudruck Turin 1959; ferner P. O. Kristeller, Die Platonische Akademie in Florenz, in: Agorá 5 (1959), S. 35–47; ferner D. Benesch, Marsilio Ficinos „De triplici vita" (Florenz 1489) in deutschen Bearbeitungen und Übersetzungen. Edition des Codex Palatinus Germanicus 730 und 452 (= Europäische Hochschulschriften Reihe I, Deutsche Literatur und Germanistik 207). Frankfurt am Main/Bern/Las Vegas 1977; ferner Baader (wie Anm. 17)

[33] zu Sinapius vgl. J. Flood/D. Shaw, Johannes Sinapius (1505–1560). Hellenist and Physician in Germany and Italy. Genf 1997

[34] hier wären zahlreiche weitere Persönlichkeiten wie Luca Ghini zu nennen, vgl. v. Engelhardt (wie Anm. 1)

Selbstverständnisses gleichsam kanonisiert hatte³⁵. Diese Fächergruppe ließ sich auf das Trivium der sieben freien Künste zurückführen, dessen mittelalterlicher Kern, die Dialektik bzw. Logik, von den Humanisten allerdings bereits im 14. Jahrhundert eliminiert worden war, obgleich sie an den Universitäten, besonders auch an den medizinischen Fakultäten, weiterhin eine wichtige Rolle spielte³⁶.

Während die genannten Disziplinen (sie wurden insbesondere noch einmal 1405 von Salutatis Nachfolger Leonardo Bruni in der Schrift „Ad Petrum Paulum Histrum Dialogus" gerühmt³⁷) seit Ende des 14. Jahrhunderts zusehends inhaltlich und methodisch die Arbeit der Humanisten bestimmten, entzogen sich die Ärzte zunächst in ihrer Mehrheit diesem geisteswissenschaftlichen Sog. Aristoteles, nicht Platon, „scientia", nicht „sapientia" oder „literae" (wie Petrarca gesagt hätte³⁸) blieben bis ins 15. Jahrhundert ihre Leitmotive³⁹. Die scholastisch geprägte Welt der Medizin, der Naturwissenschaften, der Philosophie und Jurisprudenz wurde aber, ohne daß sich die führenden Köpfe und Lehrer der Heilkunde⁴⁰ zunächst darüber klar wurden, zunehmend von dem neuen, vor allem das Bürgertum begeisternden Paradigma herausgefordert, ja – denkt man an Petrarcas und Salutatis Invektiven⁴¹ – gedemütigt. Ein Konkurrenzverhältnis prägt die geistige Landschaft Europas: Den traditionellen Universitäten und ihrem überkommenen Lehrstoff, an dem die Humanisten oft allerdings mehr die schlechte Qualität der Übersetzung als die Inhalte stör-

---

[35] zu Salutatis Brief vgl. A. Buck (1), Die humanistische Tradition in der Romania. Bad Homburg-Berlin-Zürich 1968, S. 135; zu den „studia humanitatis" allgemein ders. (2), Die „studia humanitatis" im italienischen Humanismus, in: Humanismus und Bildungswesen des 15. und 16. Jahrhunderts (= Mitteilung XII der Kommission für Humanismusforschung). Hrsg. von W. Reinhard. Weinheim 1984, S. 11–24

[36] vgl. Buck (wie Anm. 35, 2), hier S. 15

[37] vgl. Buck, loc. cit. S. 11–13

[38] vgl. F. Petrarca, Über seine und vieler anderer Unwissenheit (De sui ipsius et multorum ignorantia). Lateinisch-Deutsche Ausgabe. Übersetzt von K. Kubusch. Hrsg. und eingeleitet von A. Buck (= Philosophische Bibliothek 455). Hamburg 1993, besonders S. 30–45

[39] vgl. hierzu auch K. Bergdolt, Arzt, Krankheit und Therapie bei Petrarca. Die Kritik an Medizin und Naturwissenschaft im italienischen Frühhumanismus. Weinheim 1992, hier S. 16f. und 67–76; vgl. auch T. Heydenreich, Petrarcas Bekenntnisse zur Ignoranz, in: Petrarca 1304–1374. Beiträge zu Werk und Wirkung. Hrsg. von F. Schalk. Frankfurt am Main 1975, S. 71–92

[40] Ausnahmen bestätigen die Regel, wie etwa Bartolomeo da Varignana (1260–1321), der sich als Diplomat und Autor moralphilosophischer Abhandlungen auszeichnete, vgl. N. G. Siraisi, Taddeo Alderotti and his pupils. Two generations of medical learning. Princeton 1981, S. 48; ferner Bergdolt, loc. cit. S. 16; zu erwähnen wäre auch – etwa 200 Jahre später – Antonio Benivieni, der bereits zum Kreis um Lorenzo Magnifico gehört, vgl. G. Baader, Medizinische Theorie und Praxis zwischen Arabismus und Renaissancehumanismus, in: Der Humanismus und die Oberen Fakultäten (= Mitteilung XIV der Kommission für Humanismusforschung). Hrsg. von G. Keil, B. Moeller und W. Trusen. Weinheim 1987, S. 185–213, hier S. 188f.

[41] vgl. hierzu Buck (wie Anm. 35,2), bes. S. 11–13

ten, stand die neue Bewegung gegenüber, „die mit dem Wiederaufbau der klassischen Gelehrsamkeit alles zu durchdringen und eine neue Öffentlichkeit aufzubauen begann"[42]. Dabei zeigten sich – entgegen der Meinung der älteren Forschung – spätestens im 15. Jahrhundert Spuren einer gegenseitigen Beeinflussung[43]. Allerdings war die Annäherung zwischen ärztlichem Diskurs und den „studia humanitatis" zunächst mit erheblichen Schwierigkeiten verbunden, was auf einige wissenschaftshistorisch interessante Umstände zurückzuführen war.

Wenn sich auch, zumindest im Umfeld der Universitäten, die Repräsentanten von Medizin und Naturwissenschaften im 14. Jahrhundert dem humanistischen Einfluß noch relativ erfolgreich verweigern konnten, ja argumentativ zum Gegenangriff übergingen[44], war doch nicht zu übersehen (und die Gegner kommentierten dies mit Spott und Häme![45]), daß in dieser aus naturwissenschaftlicher Sicht kritischen Phase gerade auch Qualität und Effizienz der „scientiae" zu Besorgnis Anlaß gaben. Die Blütezeit der „studia humanitatis" schien um 1400, wie Eugenio Garin sich ausdrückte[46], mit dem „Schweigen der Naturwissenschaften und der Philosophie", d. h. auch von Medizin und Anatomie zusammenzufallen. Diese seit frühester Zeit an den Universitäten etablierten Fächer – noch um 1300 war z. B. die Heilkunde als „scientia naturalis" im Paduaner Geistesleben inner- und außerhalb der Universität tonangebend![47] – gerieten in eine schwere Krise, was Identität und Ansehen betraf. Der Image-Verlust, der durch die Hilflosigkeit der Ärzte im Pestalltag seit 1348 noch gesteigert wurde[48], ermunterte die spöttisch reagierenden

---

[42] zit. nach Baader (wie Anm. 17), S. 53
[43] zu diesem Prozeß vgl. P. O. Kristeller, Die italienischen Universitäten der Renaissance, in: P. O. Kristeller, Humanismus und Renaissance II. Philosophie, Bildung und Kunst. Hrsg. von Eckhard Keßler. Aus dem Englischen übersetzt von R. Schweyen-Ott. München 1974, S. 207–222; vgl. auch A. Buck, Die Medizin im Verständnis des Renaissance-Humanismus, in: Humanismus und Medizin (= Mitteilung XI der Kommission für Humanismusforschung). Hrsg. von R. Schmitz und G. Keil. Weinheim 1984, S. 181–198, hier S. 185f.; als Beispiel der „älteren" Forschung sei genannt: H. Rashdall, The Universities of Europe in the Middle Ages. Hrsg. von F. M. Powicke und A. B. Emden. 2. Aufl. Oxford 1936, Bd. 2, S. 50f.
[44] vgl. etwa die Argumente der scholastischen Gegner Petrarcas in der Schrift „De sui ipsius et multorum ignorantia", vgl. Petrarca (wie Anm. 38), besonders S. 12–32; hierzu auch Bergdolt (wie Anm. 39), S. 67–76
[45] allen voran Petrarca, vgl. Bergdolt (wie Anm. 39), bes. S. 33–37
[46] vgl. E. Garin, Gli umanisti e la scienza, in: Rivista di Filosofia LII (1961), S. 259–278, hier S. 260: „La moda degli studia humanitatis verrebbe a coincidere col silenzio delle scienze e della filosofia."
[47] vgl. hierzu N. G. Siraisi, Arts and Sciences at Padua. The Studium at Padua before 1350 (= The Pontifical Institute of Medieval Studies. Studies and Texts 25). Toronto 1973, S. 110–112
[48] vgl. etwa Petrarcas Kommentare zum Pestalltag, hierzu Bergdolt (wie Anm. 39), S. 106–113

Humanisten[49], einen methodisch-ideologischen Grabenkrieg zu eröffnen. Dabei spielte die Anatomie eine wichtige Rolle.

Obgleich seit etwa 1300, vor allem in Italien, vermehrt Sektionen durchgeführt wurden, um unklare Todesursachen, etwa beim Verdacht auf ein Verbrechen festzustellen[50], wurde die wissenschaftlich motivierte Öffnung des toten Körpers zur Demonstration der Organe und Körperteile *vor* der Mitte des 15. Jahrhunderts relativ wenig praktiziert. Die damals allgemein verbreitete Sektionsanleitung des Bologner Professors Mondino dei Liuzzi (1275–1321), eines Zeitgenossen Dantes, gab weder genaue Richtlinien vor noch verfügte sie über eine exakte und einheitliche wissenschaftliche Nomenklatur[51]. Dennoch war Mondino der erste, der sein epochales Werk „Anatomia" – erstmals in der neueren europäischen Geschichte – auf Grund von Sektionserfahrungen verfaßte[52]. Vielerorts basierte der Anatomie-Unterricht, wie etwa bei dem Medizinprofessor Henri de Mondeville in Montpellier (um 1304), auf gemalten anatomischen Figuren oder künstlichen Schädeln, die mit der Wirklichkeit wenig gemein hatten[53]. Standen Leichen zur Verfügung, sah die Sektion bis etwa 1500 in der Regel wohl so aus, wie sie auf dem Titelblatt der italienischen Mondino-Ausgabe von 1495 dargestellt wurde: Ein Prosektor führte am Leichnam Schnitte durch, während der Professor aus Galen oder Mondino oder dem Anatomie-Werk des Niccolò da Reggio (1322) rezitierte[54] (Abbildung 1). Noch die (posthum) 1520 erschienenen „Anatomiae Annotationes" des Bologneser Professors Alessandro Achillini (1463–1512) sprengten diesen Rahmen nur unwesentlich[55]. Daß Bilder anatomischer Sektionen in Adel, Klerus und Bürgertum (und so auch in den mit diesen Schichten verbundenen frühen Humanistenkreisen) allerdings geläufig gewesen sein müssen, beweisen bestimmte, in der bildenden Kunst beliebte Märtyrerlegenden, etwa die Häutung des Apostels Bartholomäus (Abbildung 2), sowie zeitgenössische Illustrationen antiker „historiae" wie der Betrachtung der ermordeten Agrip-

---

[49] vgl. etwa Petrarcas Brief an den Freund „Socrates", hierzu Bergdolt, loc. cit. S. 110f.
[50] vgl. W. Arlt, Die ältesten Nachrichten über die Sektion menschlicher Leichen im mittelalterlichen Abendland (= Abhandlungen zur Geschichte der Medizin und der Naturwissenschaften 34). Berlin 1940
[51] zu Mondino (1275–1326) vgl. Siraisi (wie Anm. 40), S. 66–70
[52] hierzu Arlt (wie Anm. 50); ferner E. Wickersheimer, Die ersten Sektionen an der Medizinischen Fakultät in Paris, in: G. Baader und G. Keil (Hrsg.), Medizin im mittelalterlichen Abendland. Darmstadt 1982, S. 60–72
[53] zu Henri de Mondeville vgl. Walter Pagel (Hrsg.), Die Anatomie des Heinrich von Mondeville. Nach einer Handschrift der Königlichen Bibliothek zu Berlin vom Jahre 1304 zum ersten Mal herausgegeben. Berlin 1889
[54] Hierzu C. Wolf-Heidegger und Anna Maria Cetto, Die anatomische Sektion in bildlicher Darstellung. Basel/New York 1967, S. 51f.
[55] zu Achillini vgl. Ongaro (wie Anm. 5), S. 98f.

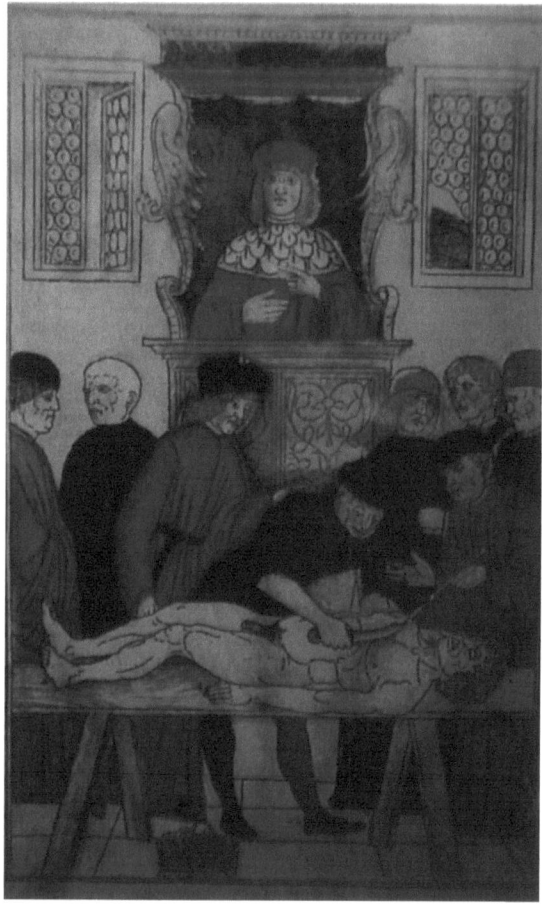

Abb. 1: Sektionsdarstellung, Mondino die Liuzzi, Fasciculus Medicinae. Ausgabe von Johannes von Ketham, Venedig 1495

pina durch ihren Sohn Nero[56]. In zahlreichen hoch- und spätmittelalterlichen Dichtungen, vom „Roman de la Rose" des Jean de Meun (um 1270) über die „Weltchroniken" Heinrichs von München (nach 1300) und Jansen Enikels (um 1350) bis zu Boccaccios „De casibus virorum illustrium"[57] wurde die tote, von Nero begaffte Kaiserin als sezierter Leichnam abgebildet (Abbildung 3), obgleich eine solche Szene von den antiken Autoren nicht überliefert wurde[58].

[56] vgl. Sueton, Nero 34; Tacitus, Annales XIV,9, Cassius Dio, Epitome zu Buch LXII
[57] Wolf-Heidegger/Cetto (wie Anm. 54), S. 131–142 und dort Abb. S. 402–408
[58] Sie hätte im übrigen auch nicht in die altrömische medizinische Praxis gepaßt. Galen, die überragende medizinische Autorität des Mittelalters (2. Jh. n. Chr.), hat z. B. überhaupt keine menschlichen Leichen seziert, vgl. E. Gurlt, Geschichte der Chirurgie und ihrer Ausübung. I. Berlin 1898, S. 428ff.

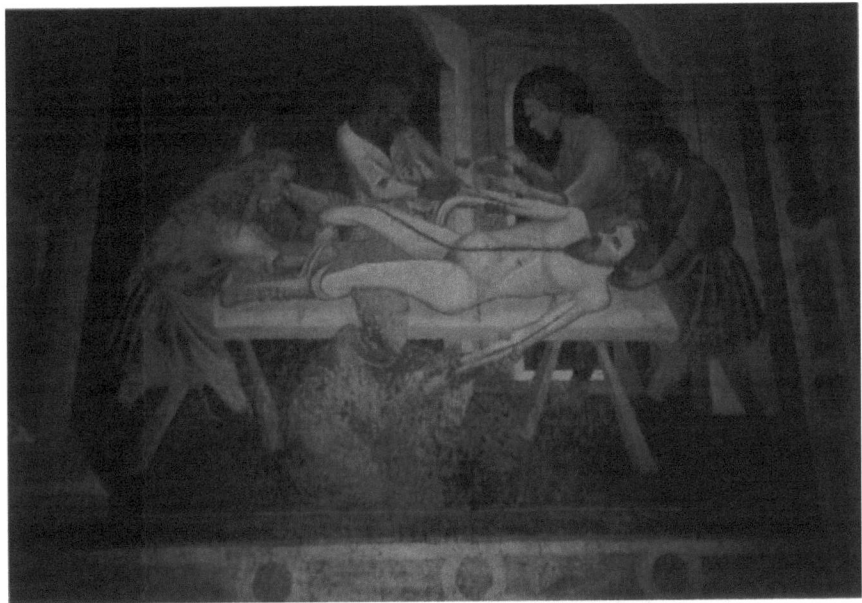

Abb. 2: Häutung des Apostels Bartholomäus. (Giotto-Schule um 1335/40), Bozen, Dominikanerkirche

Sektionsszenen finden sich auch in illustrierten Ausgaben des 15. Jahrhunderts der populären, um 1240 von dem englischen Franziskaner Bartholomäus Anglicus verfaßten Enzyklopädie „De proprietatibus rerum", in deren fünftem Buch „der Mensch und seine Teile" abgehandelt werden[59]. Über Heiligen-Viten, Romane, historische Erzählungen und Epen hielt die Anatomie so Einzug in die frühhumanistische Welt, ohne freilich das Image der Mediziner und Anatomen verbessern zu können – und ohne daß diese die damit verbundene Chance wahrgenommen hätten.

Die geschilderte, für die gesamte ärztlich-akademische Kunst charakteristische, nicht selten in der Öffentlichkeit süffisant kommentierte Retardierung der anatomischen Forschung wie der medizinischen Wissenschaft überhaupt (sie baute vor allem auf die „Viersäftelehre" und auf aus ihr abzuleitende diäte-

---

[59] vgl. Bartholomaei Anglici De genuinis rerum coelestium, terrestrium et inferarum proprietatibus libri XVIII. Frankfurt am Main 1601 (Unveränderter Nachdruck Frankfurt 1964), S. 114–231; dazu Wolf-Heidegger/Cetto (wie Anm. 54), S. 154–159; vgl. hier auch C. Meier, Bilder der Wissenschaft. Die Illustration des ‚Speculum Maius' des Vinzenz von Beauvais im enzyklopädischen Kontext, in: Frühmittelalterliche Studien. Jahrbuch des Instituts für Frühmittelalterforschung der Universität Münster 33. Hrsg. von H. Keller und C. Meier. Berlin/New York 1999, hier S. 274

Abb. 3: Nero betrachtet die tote Agrippina. Illustration aus: Boccaccio, Des cas des nobles hommes et femmes («Boccace de Jean sans Peur»), Paris 1409/10, Bibliothèque de l'Arsenal, Ms. 5193, fol. 290v

tische Maßnahmen[60] – bei schweren inneren Erkrankungen, im Seuchenfall und bei Entzündungen aller Art hatten die Ärzte wenig entgegenzuhalten!) war, dessen waren sich die meisten Humanisten des 14. und 15. Jahrhunderts sicher, eine direkte Folge des durch eine erstarrte Didaktik und Rhetorik bestimmten, kritiklos auf Aussagen vor allem arabischer „auctoritates" basierenden Medizinstudiums. Aus der Traditionsverbundenheit des ärztlichen

[60] zur Viersäftelehre vgl. E. Schöner, Das Viererschema in der antiken Humoralpathologie (= Sudhoffs Archiv Beiheft 4). Wiesbaden 1964; zur Diätetik der Humoralpathologie auch K. Bergdolt, Leib und Seele – Eine Kulturgeschichte des gesunden Lebens. München 1999, hier S. 182–194

Curriculums schloß man kühn auch auf inhaltliche und methodische Mängel[61]. Petrarca hatte schon im 14. Jahrhundert die ärztliche Profession, wie übrigens alle Sachwissenschaften einschließlich der Jurisprudenz, mit demonstrativer Verachtung gestraft. „Über alle Themen wollt ihr reden, vergeßt dabei aber eure Berufung, die, falls du es noch nicht weißt, in der Betrachtung des Urins und von Dingen besteht, die beim Namen zu nennen ich mich schäme", heißt es in der „Invectiva contra medicum", einer gegen den Leibarzt des erkrankten Clemens VI. formulierten Kampfschrift von 1352[62]. „Was kann denn ein lohnabhängiger und unverschämter Handwerker für einen Namen haben?"[63], fragt der Autor zahlreicher antinaturwissenschaftlicher Abhandlungen an anderer Stelle – ein rhetorisch schlagendes, inhaltlich eher nichtiges Argument, denn immerhin hatten die Ärzte an der Universität nicht nur, wenn auch vielleicht verstaubtes, *Fach*wissen, sondern in der Artes-Fakultät, zu Beginn ihres Studiums, auch eine brillante Allgemeinbildung erworben[64]. Geldgier (bereits Dante sprach im Convivium von den „leggisti, medici e quasi tutti i religiosi", die nicht der Weisheit wegen studieren, sondern um Geld oder Ansehen zu erlangen[65]) war ein populärer Topos der humanistischen Arzt- und Juristenkritik, die im Kern aber auf den veralteten wissenschaftlichen Ansatz der „scholastischen" Fächer zielte.

Nach Meinung Petrarcas hatten besonders die Ärzte die Themen der Zeit verschlafen. In „De sui ipsius et multorum ignorantia" (1367), einer Abrechnung mit der scholastischen Denkweise, warf er ihnen und den Juristen eine charakteristische Ignoranz vor, die sich in der Zuwendung zu modischen, aber oberflächlichen Sachthemen und weltlichen Berufen offenbare, während echte Weisheit in der „virtus illiterata" der Seele gipfle[66]. Naturwissenschaften gerieten so schon aus moralischen Gründen in die Kritik. Petrarca nahm in diesem Zusammenhang Thesen vorweg, die Coluccio Salutati eine Generation später in seinem Traktat „De nobilitate legum et medicinae" aufgriff: Die Erforschung der Natur und des menschlichen Körpers sei sinnlos, weil der

---

[61] vgl. hierzu ausführlich Bergdolt (wie Anm. 39), besonders S. 33–47
[62] vgl. Petrarca, Invectiva contra medicum quendam I, 331–333: „De omni etiam materia loqui vultis, vestrae professionis obliti quae est, si nescis, urinas et quae nominare pudor prohibet contemplari."
[63] vgl. ibd. I, 5–7: „Quod enim nomen habere potest mercennarius et infamis artifex?"
[64] hierzu G. Baader (wie Anm. 40), S. 188–193
[65] vgl. Dante, Il Convivio, Hrsg. von Maria Simonelli (= Test e saggi di letterature moderne II. Hrsg. von Carlo Izzo, Liano Petroni und Raffaele Spongano). Bologna 1966, S. 108: „Né si deve chiamare vero filosofo colui che è amico di sapienza per utilitade, so come sono i leggisti, li medici e quasi tutti i religiosi che non per sapere studiano ma per acquistare moneta o dignitade …"
[66] vgl. hierzu Anm. 38 und 44

Mensch in seiner Begrenztheit Gottes Werk niemals durchschauen kann. Medizin als Wissenschaft bedeute deshalb Hybris gegenüber dem Schöpfer[67]. Ausbildung, Alltag und Methodiken der Ärzte sind nach Petrarca von Natur aus verwerflich, ja sündhaft. Ihre Lebenserfahrung ist von mechanischem und technischem Denken geprägt, was sie zu moralischen Fehlurteilen verleitet, sobald sie sich philosophisch, theologisch oder auch historisch äußern. Nach humanistischem Selbstverständnis, das von Verachtung der „Sachwissenschaften" geprägt ist, hat die praktische Medizin „mit Ethik nicht nur nichts gemein, sondern steht in völligem Gegensatz zu ihr[68]!

Entgegen den aus dem 19. Jahrhundert übernommenen Klischees zu Mittelalter und Renaissance traf es im übrigen nicht zu, daß die medizinische und naturwissenschaftliche Forschung im Mittelalter radikal und umfassend unterdrückt wurde, um dann mit dem Aufbrechen der italienischen Frührenaissance im 14. Jahrhundert – gewissermaßen von Fesseln befreit – in kürzester Zeit aufzublühen[69]. Das Gegenteil war der Fall: Roger Bacon oder Albertus Magnus, John Peckham oder Witelo waren im 13. Jahrhundert bedeutende, ja kühne Naturforscher, während die Naturwissenschaften im Weltbild der frühen Humanisten wie Petrarca, Boccaccio oder Salutati überhaupt keine Rolle spielten[70]. Sie verhöhnten die ihnen fremde, den „scientiae naturales" durchaus zugewandte Welt der mittelalterliche Scholastiker. Gelehrte wie Ockam wurden allein schon wegen ihrer nordisch klingenden, durch Gutturale gekennzeichneten Namen verspottet[71]. Ein Medizinstudium in scholastischer Manier wäre für Petrarca und seine Schüler das letzte gewesen, was man einem nach „sapientia" strebenden Jüngling hätte empfehlen können. Nicht einmal die Tatsache, daß Gott die Medizin geschaffen hat und diese Kunst eine gewisse Nützlichkeit besitzt, spricht für sie. „Das Gegenteil ist der Fall", so

---

[67] vgl. C. Salutati, De nobilitate legum et medicinae, De verecundia. Hrg. von E. Garin (= Edizione nazionale die classici del pensiero italiano 8). Florenz 1947; hierzu ausführlich Bergdolt (wie Anm. 39), S. 194

[68] vgl. Petrarca, Invectiva contra medicum quendam III, 607f.: „Medicina nihil comune cum ethica, sed multa contraria"

[69] so z.B. noch K. Deichfelder, Geschichte der Medizin. Skizzen aus 2500 Jahren Heilkunde. Wiesbaden 1985, S. 76 („... da der geistige Rahmen des Mittelalters sich den Forschern der Renaissance als unzureichend erwies")

[70] Zahlreichen Künstlern, Autoren und Humanisten des 14. Jahrhunderts wie Ghiberti oder Alberti waren diese Zusammenhänge wohl bewußt, obgleich sie das Mittelalter attackierten, vgl. Bergdolt (wie Anm. 12), besonders S. XLIV-LXII

[71] vgl. L. Bruni, Ad Petrum Paulum Histrum Dialogus I, in: Prosatori latini del Quattrocento. Hrsg. von Eugenio Garin (= La letteratura Italiana, Storia e testi 13). Mailand/Neapel 1952, hier S. 58–60: „... quorum etiam nomen perhorresco: Fabrich, Bucer, Occam, aliique eiusmodi, qui omnes mihi videntur a Rhadamantis cohorte traxisse cognomina."

Petrarca in der genannten „Invectiva", „der Esel ist viel notwendiger als ein Löwe, die Henne mehr als der Adler. Deshalb sollen diese edler sein?"[72]

Auch der unterschiedliche Sprachdiskurs schuf noch um 1400 fast unüberbrückbare Gegensätze. In „De sui ipsius et multorum ignorantia" hatte Petrarca zur Mitte des Trecento gerade die von den Medizinern (und Scholastikern überhaupt) bewunderte *Dialektik* an den Pranger gestellt, die – dessen waren sich nun die meisten Ärzte sicher! – zu einer präzisen, wenn auch etwas künstlichen Sprache zwang. Form und Ausdruck drohten allerdings – Folge der scholastischen Ausbildung und des dem Unterricht wie den Prüfungen zugrunde liegenden „quaestio-responsio"-Systems – selbst zum Bildungsinhalt zu werden. Aus dieser Tendenz zum Formalismus und angesichts des „mittelalterlichen" Programms des ärztlichen Curriculums hatte bereits Petrarca eine „Vergreisung"[73] des Denkens abgeleitet. Wie theorielastig – und diese Kritik läßt sich auch aus dem damaligen Zeitgeist heraus vertreten! – seine berühmte Medizinkritik allerdings war, zeigt sich in der Aufforderung an die Ärzte, ihre Arbeit schweigend zu verrichten, da ihre Profession nach (einer, objektiv gesehen, völlig marginalen Stelle bei) Vergil eine „ars muta" darstelle[74]. Ein Mediziner, der sich mit Sprache und Philologie auseinandersetzte, erschien Petrarcas Anhängern besonders lächerlich und schon deshalb zur Erfolglosigkeit verdammt, weil sein Sprachgefühl durch die Erziehung im scholastischen, durch zahllose Arabismen gespickten Sprachduktus durch und durch verdorben sein mußte[75]. Ein Arzt, der „praesente aegroto" viel redete, wurde darüber hinaus verdächtigt, seine fachliche Inkompetenz durch „unnütze" Worte zu verschleiern. Sein Idiom war zwangsläufig eine *Fachsprache*, von der Petrarca sagte: „Sie ist dir nützlich und notwendig, ja dein Ein und Alles. Ohne sie bist du nichts"[76]. Die erstarrte Ausdrucksweise der Scholastiker, noch im 17. Jahrhundert bei Molière[77] Gegenstand des Spottes, ließ, wie er in der „Invectiva contra medicum" ausführte, „Cicero lachen, Demosthenes sich empören, Hippokrates weinen und das Volk zugrundegehen"[78]. Petrarca stellte sich die ideale Arzt-Patient-Beziehung erstaunlich mechanistisch vor:

---

[72] vgl. Petrarca, Invectiva contra medicum quondam III, 85f. und 95–97: „Contra est! Asinus magis est necessarius quam leo, gallina quam aquila; ergo nobiliores?"

[73] vgl. Petrarca, Invectiva contra medium quondam II, 350. Petrarca spricht hier von einem „mundus iam senescens et ad extremum vergens, more senescentis hominis piger ac frigidus ...". Hierzu auch Bergdolt (wie Anm. 39), S. 5f.

[74] Vergil, Aeneis XII, 397

[75] vgl. Bergdolt (wie Anm. 39), S. 41f.

[76] vgl. Invectiva contra medicum quondam III, 707f.: „utilis est tibi, necessaria est, totum est; sine illa nullus es."

[77] vgl. Johannes Hösle, Molière. Sein Leben, sein Werk, seine Zeit. München 1987, S. 185–191

[78] vgl. ibd. III, 662f.: „... ridente Tullio, indignante Demosthene, flente Ypocrate, populo pereunte."

Kurzen Fragen des Arztes hatten ebenso knappe Auskünfte des Patienten zu folgen. Wir dürfen allerdings nicht vergessen, daß die tröstende Begleitung des Kranken, vor allem des Sterbenden, bis ins 18. Jahrhundert nicht unbedingt als *ärztliche* Aufgabe galt. Der Gedanke, daß der Arzt in Gespräch und Anamnese eine Exploration durchzuführen hätte, um etwa psychosomatische Zusammenhänge herauszuarbeiten, galt vielen „Schulmedizinern" der Renaissance als abwegig[79].

Angesichts der geschilderten, von Spott und Polemik begleiteten Polarisierung übersah man in Humanistenkreisen gerne, daß sich bereits im Hochmittelalter literarisch und stilistisch sensible Ärzte durchaus um eine Reform ihrer Sprache bemüht hatten, etwa Roger Bacon, der schon im 13. Jahrhundert Griechisch lernte, um antike naturwissenschaftliche und medizinische Quellen direkt in ihrer Ursprache (und nicht in aus dem Arabischen „konstruierten" lateinischen Versionen) lesen zu können[80]. Der Philosoph und Arzt Pietro d'Abano studierte um 1300 die Sprache des Aristoteles sogar in Konstantinopel[81]. Und bereits 1128 hatte der Kleriker Jacopus (Jacopo) aus Venedig – als erster nach Boethius – aristotelische Schriften, darunter die „Physik" und die „Parva Naturalia" direkt aus der Ursprache ins Lateinische übersetzt[82]. Auch konnte Berschin nachweisen, daß die in Neapel und Montecassino ansässigen Übersetzer von Werken antiker Autoren und Ärzte weit weniger aus dem Arabischen und weit mehr aus dem Griechischen übertrugen, als man das in der Medizingeschichte bisher wahrhaben wollte[83]. Gerade hinsichtlich der Galen-Rezeption bildeten die griechischen Enklaven Süditaliens wie Otranto oder Rossano wichtige Zentren[84]. Zahllose als „arabistisch" gebrandmarkte

---

[79] vgl. hierzu etwa K. Bergdolt, Der Schwarze Tod in Europa. Die große Pest und das Ende des Mittelalters. 4. Auflage München 2000, S. 174f.

[80] zu Bacon vgl. u.a. A. G. Little (Hrsg.), Roger Bacon Essays. Oxford 1914; ferner D. C. Lindberg, Von Babylon bis Bestiarium. Die Anfänge des abendländischen Wissens. Aus dem Amerikanischen von B. Obrecht. Stuttgart/Weimar 1994, S. 295–311; ferner K. Bergdolt, Scholastische Medizin und Naturwissenschaft an der päpstlichen Kurie im ausgehenden 13. Jahrhundert, in: Würzburger Medizinhistorische Mitteilungen (1989), hier S. 158–160

[81] zu Pietro vgl. u. a. L. Thorndike, A History of Magic and Experimental Science (= History of Sciences Society Publications N. S. IV). 8 Bd. New York 1923–1958, hier Bd. 2 (1934), S. 874–947; ferner Siraisi (wie Anm. 47), S. 110–112

[82] Zu Jacopo (Jakobus von Venedig) vgl. L. Minio Paluello, Jacobus Veneticus Graecus: Canonist und Translator of Aristotle, in: Traditio 8 (1952), S. 265–304

[83] vgl. W. Berschin, Salerno um 1000. Die Übersetzungen aus dem Griechischen und ihr byzantinisch-liturgischer Hintergrund, in: M. Schneider und W. Berschin (Hrsg.), Ab Oriente et Occidente (Mt. 8,11). Kirche aus Ost und West. Gedenkschrift für Wilhelm Nyssen. St. Ottilien 1996, S. 17–25

[84] vgl. R. Weiss, Die Übersetzer griechischer Texte am angevinischen Hof in Neapel, in: G. Baader und G. Keil (Hrsg.), Medizin im mittelalterlichen Abendland. Darmstadt 1982, S. 95–124

Ärzte des 14. Jahrhunderts wie Dino del Garbo, Gentile da Foligno oder Niccolò di Santa Sofia stellten bei der Abfassung fachmedizinischer Bücher ihre umfassende Allgemeinbildung unter Beweis, die dem Vergleich mit manchen Humanisten durchaus standhielt[85], freilich durch ihre spezifische Erziehung an den Universitäten geprägt war. Solche Bemühungen wurden in der Regel von der humanistischen Arzt-Kritik übersehen. Der Vorwurf des Arabismus – er implizierte sprachliche Ungenauigkeit und inhaltliche Fehlinterpretation! – wie einer tumben Rezeption dubioser Aristoteles-Texte gegenüber Ärzten war objektiv jedenfalls weniger berechtigt, als die Adepten Petrarcas um 1400 glaubten[86].

Folgte man der Rhetorik Petrarcas, Salutatis und Brunis, nahm die Heilkunde schließlich auch im von den Humanisten dominierten Wettstreit der Künste, der „disputà delle arti", einen niederen Rang ein[87]. In dieser polemisch-rhetorischen Auseinandersetzung wurde sie, wenn auch mit fragwürdiger Berechtigung, ebenfalls als „ars mechanica" eingestuft. Wagten es aber Ärzte wie Giovanni Baldi[88] aus Faenza (1415) oder – bereits in einem viel versöhnlicheren intellektuellen Klima (1482) – Nicoletto Vernia[89], unter Hinweis auf das thematisch breit angelegte Medizinstudium, dessen erstes Studienjahr, wie gesagt, in der Regel durch allgemeinbildende Studien in den „artes" gekennzeichnet war[90], gar die Heilkunde als überlegene Kunst zu preisen und darauf hinzuweisen, daß die „medicina" bereits lange *vor* der humanistischen Bewegung, nämlich im frühen und hohen Mittelalter – bei Cassiodor, Isidor von Sevilla oder Vincenz von Beauvais[91] – den Rang einer freien und autonomen Wissenschaft, ja einer „secunda philosophia" einge-

---

[85] hierzu ausführlich Baader (wie Anm. 40), S. 187f.
[86] mit dem Vorwurf des Arabismus war im 14. Jahrhundert vor allem derjenige des Averroismus verbunden, vgl. E. Renan, Averroes et l'Averroisme. Essai Historique. Paris 1852; ferner B. Nardi, L'avveroismo Bolognese nel secolo XIII e Taddeo Alderotti, in: Rivista di storia della filosofia 4 (1949), S. 11–22; ferner Siraisi (wie Anm. 47), S. 109–142; ferner Bergdolt (Anm. 39), S. 27f.
[87] hierzu ausführlich E. Garin (Hrsg.), La disputà delle arti nel Quattrocento. Rom 1982
[88] der Traktat des Giovanni Baldi ist abgedruckt bei Garin (wie Anm. 87), S. 3f.; vgl. auch R. de Rosa, Die Stellung der Medizin in der Frührenaissance. Das Problem der Beziehung zwischen Theorie und Praxis im Streit der Wissenschaften, in: Aktuelle Probleme aus der Geschichte der Medizin. Verhandlungen des 10. Internationalen Kongresses für Geschichte der Medizin. Basel 1966, S. 259–266
[89] Zum Text des N. Vernia vgl. Garin, loc. cit. S. 91–101; vgl. ders., Der italienische Humanismus (= Sammlung Überlieferung und Auftrag. Hrsg. von E. Grassi). München 1947, S. 31
[90] vgl. Siraisi (wie Anm. 47), S. 33–107
[91] vgl. hierzu H. Schipperges, Der Garten der Gesundheit. Medizin im Mittelalter. München 1985, S. 173 und 187

nommen hatte⁹², galt dies in den aristotelesfernen Humanistenkreisen immer noch als Anmaßung. Während für Baldi der Arzt als „dei minister, custos naturae, sanitatis conservator" eine Vorrangstellung einnahm und die Vertreter aller anderen akademischen Berufe an Ansehen überflügelte („gloriosius est expellere quod mortem videtur inferre")⁹³, war es für Bruni, der immerhin auch Werke des Aristoteles gesammelt⁹⁴ und sich sogar, um das „Elend" der scholastischen Übersetzungen zu beseitigen, an Übersetzungen der „Nikomachischen Ethik", der „Oeconomica" und der „Politik" versucht hatte⁹⁵, um 1400 selbstverständlich „non satis decorum", sich naturwissenschaftlich zu betätigen⁹⁶. Auch Enea Silvio Piccolomini, der zwar eine gewisse Nützlichkeit dieser Fächer zu erkennen glaubte, warnte zur Mitte des Quattrocento vor der Schädlichkeit solcher Themen bei der Persönlichkeitsbildung⁹⁷. Und für Poggio Bracciolino (1380–1459), den Florentiner Kanzler und Humanisten, zeigt sich im Drang zur medizinischen Forschung – so der Tenor seiner Schrift „Disceptatio, utra artium, medicinae an iuris civilis, praestet" – nichts als eine verwerfliche „curiositas quaedam supervacua"⁹⁸. Den Humanisten schienen „die Erkenntnisse der Naturwissenschaften nicht nur belanglos, sondern als solche anfechtbar"⁹⁹. Auch in den programmatischen Bildungsplänen, welche Vittorino da Feltre oder Guarino da Verona im 15. Jahrhundert für angehenden Humanisten und junge Adlige entwarfen¹⁰⁰, fanden zwar die Künste des Quadrivium Berücksichtigung (was auf gewisse späte Einflüsse der von Pietro d'Abano entwickelten „scientia naturalis" als Teil der „Allgemeinbildung" hinweisen könnte¹⁰¹), doch fehlten Medizin und Naturwissenschaften gleichsam aus programmatischen Gründen.

---

⁹² vgl. Bergdolt (wie Anm. 39), S. 12f.; zur Vorstellung der „medicina" als „secunda philosophia" im Mittelalter vgl. auch S. Schuler, Medicina secunda philosophia. Die Einordnung der Medizin als Hauptdisziplin und die Zusammenstellung ihrer Quellen im ‚Speculum Maius' des Vinzenz von Beauvais, in: Frühmittelalterliche Studien 33 (wie Anm. 59), S. 169–251

⁹³ vgl. Garin (wie Anm. 87), S. 3f.

⁹⁴ Der aus Konstantinopel emigrierte Chrysoloras hatte sie ihm vermittelt, vgl. G. Voigt, Die Wiederbelebung des classischen Alterthums oder das erste Jahrhundert des Humanismus. 4. Aufl. Berlin 1893 (unveränderter Nachdruck Berlin 1960), Bd. I, S. 225f.

⁹⁵ Baader (wie Anm. 17), S. 54f.

⁹⁶ zit. nach H. Baron (Hrsg.), Leonardo Bruni Aretino. Humanistisch-philosophische Schriften mit einer Chronologie seiner Werke und Briefe (= Quellen zur Geistesgeschichte des Mittelalters und der Renaissance I, hrsg. von W. Goetz). Leipzig 1928, S. 11 („Sunt enim disciplinarum quaedam, in quibus ut rudem omnino non satis decorum, sic etiam ad cacumina illarum evadere ...")

⁹⁷ vgl. Buck (wie Anm. 35,1), S. 161

⁹⁸ Die Schrift ist abgedruckt bei Garin (wie Anm. 87), S. 11–28

⁹⁹ zit. Buck (wie Anm. 43), S. hier S. 183

¹⁰⁰ zu Vittorino und Guarino vgl. Buck (wie Anm. 35,2), hier S. 19

¹⁰¹ vgl. Siraisi (wie Anm. 47), S. 110–112; ferner Bergdolt (wie Anm. 39), S. 18–20

Im selben Jahrhundert gab es aber auch, wie die Forschungen von Kristeller[102], Garin[103], Buck[104], Baader[105], Siraisi[106] oder Joutsivuo[107] ergaben, – wenn auch vielleicht zunächst zarte – Ausnahmen von der Regel der beiden so unversöhnlich erscheinenden Kulturen. So empfahl etwa Pier Paolo Vergerio (1370–1444) in seinem pädagogischen Traktat „De ingenuis moribus et liberalibus studiis" (1402) ausdrücklich die Beschäftigung mit Naturwissenschaften und Medizin[108]. Er hatte immerhin auch eine Vita Petrarcas verfaßt und propagierte ein breites Studium des Griechischen als unabdingbaren Programmpunkt der Allgemeinbildung. Auch Bartolomeo Fazio, Autor eines vielgelesenen „De viris illustribus liber", rühmte zur Mitte des 15. Jahrhunderts die Medizin, da sie „zum vernünftigen Durchdenken der Zusammensetzung, Struktur, Ordnung sowie der Krankheitsursachen des Körpers" anleite[109]. Der ebenfalls bedeutende Humanist Antonio de Ferraris, der allerdings selbst eine ärztliche Ausbildung genossen hatte[110], ordnete ihr einen höheren Rang zu als der Jurisprudenz. Antonio Benivieni[111], Niccolò Leoniceno[112] oder Giovanni Marco da Rimini[113], alles angesehene Ärzte des 15. Jahrhunderts, waren (wenn auch eher als Vorreiter eines neuen Trends) bereits anerkannte Mitglieder humanistischer Zirkel, eine Tradition, die bereits – damals aber als sensationelle Ausname – der Arzt Biagio da Parma um 1400 in Florenz im sogenannten „Paradiso degli Alberti", einer Art humanistischer Protoakademie, eröffnet hatte[114]. Biagio hatte allerdings noch in der erwähnten, von dem in Paris

---

[102] vgl. P. O. Kristeller (wie Anm. 43)
[103] vgl. Garin (wie Anm. 46, 67, 87, 89 und 142)
[104] vgl. Buck (wie Anm. 35, 1 und 2), 43, 112 und 168; ferner A, Buck, Studia humanitatis. Gesammelte Aufsätze 1973–1980. Festgabe zum 70. Geburtstag. Hrsg. von B. Guthmüller, K. Kohut und O. Roth. Wiesbaden 1981
[105] vgl. Baader (wie Anm. 17 und 40)
[106] vgl. N. G. Siraisi, Medieval and Early Renaissance Medicine. An Introduction to Knowledge and Practice. Chikago 1990, S. 78
[107] Joutsivuo (wie Anm. 30)
[108] vgl. A. Buck (wie Anm. 43) ), S. 183
[109] zit. nach Siraisi (wie Anm. 106)
[110] vgl. Buck (wie Anm. 43), S. 184
[111] zu Benivieni vgl. B. de Vecchi, I libri di un medico umanista fiorentino del sec. XIV, in: La Bibliofilia 34 (1932), S. 293–301; ferner Baader (wie Anm. 40), S. 188
[112] vgl. A. Buck, Die Rezeption des Humanismus in den juristischen und medizinischen Fakultäten der italienischen Universitäten, in: Der Humanismus und die Oberen Fakultäten (wie Anm. 40), ferner Baader, loc. cit. S. 190f.
[113] zu diesem Arzt G. Baader, Mittelalterliche Medizin im italienischen Frühhumanismus, in: Fachprosa-Studien. Beiträge zur mittelalterlichen Wissenschafts- und Geistesgeschichte. Hrsg. von G. Keil. Berlin 1982, S. 204–254
[114] vgl. Giovanni da Prato, Il Paradiso degli Alberti. Hrsg. von A. Wesselowsky. Bologna 1868, III, S. 2ff. und 18ff.; ferner Voigt (wie Anm. 94), S. Bd. I, S. 187–190; ferner H. Baron, The crisis of the early Italian Renaissance. 1955, Bd. I, S. 67 und Bd. II, S. 417

ausgebildeten Arzt Pietro d'Abano nach 1300 in Padua eröffneten schulischen Tradition der „scientia naturalis"[115] gestanden, nach der ein guter Mediziner sich vor allem durch eine umfassende, durch die „artes liberales", besonders das „Quadrivium" vorgezeichnete Bildung auszeichnet – eine Schule, die natürlich vollkommen auf die scholastische Tradition baute und deshalb von dem oft in Padua weilenden Petrarca, wie jede Sachwissenschaft, selbstverständlich verachtet wurde. Ein solcher Arzt riskierte seiner Meinung nach, „aus Liebe zu Aristoteles Christus zu leugnen"[116]. Er weiß zwar „viel über die wilden Tiere, Vögel und Fische: wieviel Haare der Löwe auf dem Scheitel hat und wieviel Federn der Falke im Schwanz, mit wieviel Windungen der Krake den Schiffbrüchigen umklammert und daß sich die Elephanten von hinten begatten", macht sich über den Sinn solcher Kenntnisse aber keine Gedanken. Den Humanisten erschien es dagegen nutzlos, ja entwürdigend, „die Natur der Tiere, Fische, Vögel und Schlangen zu kennen und dafür diejenige des Menschen, unsere Bestimmung, Herkunft und unser Ziel zu ignorieren oder gar zu mißachten"[117]. Eine Generation später stellte auch Leonardo Bruni die Frage, was der Mensch davon habe, wenn er, auf der Basis seiner Universitätsbildung, die Entstehung des Reifs, des Schnees oder des Regenbogens erklären könne. Vom „splendor cognitionis eximius" abgesehen[118], konnte der Florentiner Staatskanzler für das *Leben* hierbei keinen Vorteil erkennen. Für ihn sind es ausschließlich die „studia humanitatis", die den Menschen zu einer sittlichen Persönlichkeit erziehen. Sie werden, im Gegensatz zur Medizin, betrieben, „quod hominem perficiant atque exornent"[119].

Als umso sensationeller muß die Tatsache gewirkt haben, daß plötzlich, gegen die Mitte des 15. Jahrhunderts, einige Humanisten nicht nur, wie Vergerio oder Fazio, für medizinische Fragen Interesse signalisierten, sondern sich konkret mit der anatomischen Fachliteratur auseinandersetzten. Der einflußreiche, des Griechischen wie Hebräischen kundige Giannozzo Manetti fügte dem ersten Buch seiner Schrift „De dignitate et excellentia hominis"

---

[115] vgl. Anm. 47 und 81
[116] vgl. Petrarca, De sui ipsius et multorum ignorantia (wie Anm. 38), S. 54 (IV): „... aut quam amore Aristilis Christum negem"
[117] Petrarca, De sui ipsius et multorum ignorantia II, loc. cit. S. 20–22: „Multa igitur ille de beluis deque avibus ac piscibus; quot leo pilos in vertice, quot plumas accipiter in caudas, quot polipus spiris naufragum liget, ut aversi coeunt elephantes ... Nam quid oro, naturas beluarum et volucrum et piscium et serpentum nosse profuerit, et naturam hominum, ad quid nati sumus, unde et quo pergimus, vel nescire vel spernere?"
[118] vgl. L. Bruni, Epistolarum libri VI. Hrsg. von L. Mehus. Bd. II, Florenz 1741, S. 49
[119] vgl. Buck (wie Anm. 35, 2), hier S. 14

(1452) eine umfassende Beschreibung der menschlichen Anatomie ein[120]. Wir wissen, daß dieses Thema am Humanistenzirkel in Neapel (das Werk war Alfons I. gewidmet) sofort mit Leidenschaft diskutiert wurde. In der an den König gerichteten „praefatio" begründet und skizziert der Autor zunächst den Inhalt des Werks: Das erste Buch handelt von den vortrefflichen Gaben des Körpers, das zweite von den außergewöhnlichen Vorrechten der Seele, im dritten werden die Fähigkeiten des Menschen als ganzem gerühmt und im vierten die Thesen von der Hinfälligkeit des Lebens und ihre Begründungen zurückgewiesen[121]. Während Petrarca im „Secretum" (1343) – im fiktiven Dialog mit Augustinus – den labilen, todgeweihten Körper sowie die unruhige, von Gier und Angst beherrschte menschliche Seele in den Vordergrund gestellt hatte, überwältigt von „odium atque contemptus humanae conditionis"[122], sah Manetti, im übrigen als Petrarcas Biograph durchaus dessen Bewunderer, die Widerlegung solcher „miseria-hominis-Literatur", die sich auch in der Folge der Pest – man denke an die Totentanzliteratur oder die Predigten der zeitgenössischen Mendikanten[123] – etabliert hatte, als seine Aufgabe an[124]. Die Anatomie des Körpers wie das Körperliche überhaupt erscheinen so, entgegen der von Petrarca vorgegebenen Tradition, positiv und diskussionswürdig. Immerhin hatte auch Petrarca den einzigartigen Platz des Menschen in der Schöpfung – von Verstand, Sprache und diversen Künsten und Fähigkeiten einmal abgesehen – mit anatomischen Gegebenheiten begründet: Gott hat ihm einen aufrechten Gang gegeben, damit er zum Himmel blicken könne[125]. Mit anatomisch-naturwissenschaftlichem Interesse hatte diese Argumentation freilich nichts zu tun! Sie ging auf das Vorbild Ciceros zurück, der in den „Tusculanae" den Menschen als „erhaben und aufgerichtet" bezeichnet[126] und in seiner Schrift „Vom Wesen der Götter" ausführlich auf Bau und Physiologie des menschlichen Körpers eingeht, welcher, so der Römer, von einer optimalen göttlichen Fürsorge zeugt und nur eine „providentiam naturae tam

---

[120] vgl. Giannozzo Manetti, Über die Würde und Erhabenheit des Menschen. Übersetzt von Hartmut Leppin. Hrsg. und eingeleitet von A. Buck. (= Philosophische Bibliothek 426). Hamburg 1990, S. 7–35 (Buch I)
[121] vgl. loc. cit. S. 3–5 (Praefatio 1–6)
[122] vgl. E. Loos, Die Hauptsünde der „acedia" in Dantes „Commedia" und in Petrarcas „Secretum". Zum Problem der italienischen Renaissance, in: Petrarca 1304–1374. Beiträge zu Werk und Wirkung. Hrsg. von Fritz Schalk. Frankfurt a. M. 1975, S. 177
[123] vgl. z. B. K. Bergdolt, Totentanz und Ars moriendi im Spätmittelalter, in: Forum Medizinische Universität Lübeck 3 (1996), S. 3–16
[124] vgl. Buck (wie Anm. 120), S. XXIIf.
[125] hierzu Buck (wie Anm. 120), S. XI
[126] Cicero, Tusculanae V, 42 („celsus et erectus")

diligentem tamque sollertem" unter Beweis stellt[127]. Auch für Manetti, der Cicero im übrigen explizit zitiert[128], diente die Anatomie zunächst nur als Zweck – zur Lobpreisung des Körpers als „erhabene und göttliche Komposition". „Ärzte und medizinische Schriftsteller" sowie von Petrarca oder Bruni verachtete Autoren wie Aristoteles, Galen, Avicenna und Albertus Magnus wurden nun freilich neben Platon, Cicero und Laktanz als legitime Quellen und „höchst bedeutende Philosophen" entdeckt[129]. Die Sinnesorgane werden dabei besonders gerühmt, aber auch die Hände, deren sich der Verstand in den Künsten und in der Technik bedient. Bewundernd wird der Daumen als „rector omnium et moderator" beschrieben[130], wobei die Parallele zu Cicero erneut offensichtlich ist[131]. Traditionelle Tabus sind angesichts des neuen Themas nicht zu übersehen. Über die männlichen Geschlechtsorgane heißt es z. B.: „Bei Männern sind zwei Samenleiter vorhanden, die etwas weiter innen liegen als jenes Gefäß, das die schmutzige Flüssigkeit aufnimmt. Wie es nämlich zwei Nieren und ebenso viele Hoden gibt, so gibt es auch zwei Samenleiter, die jedoch in einer einzigen Struktur miteinander verbunden sind". Mit einem Zitat von Laktanz bricht Manetti nun dieses Thema ab: „Ich könnte jetzt die erstaunliche Beschaffenheit der Geschlechtsorgane selbst darlegen, wenn mich nicht mein Schamgefühl von einer Abhandlung dieser Art abhielte"[132]. Im Mittelalter waren die ärztlichen Autoren – man denke nur an Hildegard von Bingen – hier weitaus unbekümmerter[133]!

Erwähnt man Manettis Beschäftigung mit der menschlichen Anatomie, so verdient mit demselben Recht auch Giorgio Valla Aufmerksamkeit[134], der um 1460 in Mailand bei Konstantinos Laskaris Griechisch gelernt hatte und zwischen 1485 und 1500 in Venedig die „studia humanitatis" lehrte[135]. Obgleich von profunder humanistischer Bildung, hatte Valla in Pavia bei Giovanni Marliani, dem Leibarzt der Visconti, auch medizinische Vorlesungen besucht, wobei er später bekannte, seine eigentliche Leidenschaft gelte der Mathematik und den Naturwissenschaften. Ruhm erwarb sich der Gelehrte als Übersetzer

---

[127] vgl. Cicero, Vom Wesen der Götter II, 134–150
[128] Manetti, De dignitate hominis I,3 (wie Anm. 120), S. 8
[129] Manetti, loc. cit. I,39 und 45, Buck (wie Anm. 120), S. 27 und 30
[130] vgl. Manetti, De dignitate hominis I,24
[131] vgl. Cicero, vom Wesen der Götter II,150
[132] Manetti, De dignitate hominis I,30, vgl. Buck (wie Anm. 120), S. 23
[133] vgl. H. Schipperges, Hildegard von Bingen (= Beck'sche Reihe 2008). 3. Aufl. München 1997, S. 46–56
[134] vgl. J. L. Heiberg, Beiträge zur Geschichte Georg Valla's und seiner Bibliothek (= Centralblatt für Bibliothekswesen Beiheft 16). Leipzig 1896
[135] vgl. Baader (wie Anm. 17), S. 55f.

zahlreicher medizinischer Fachtexte[136] und aristotelischer Schriften, so der „Magna Moralia" (1496) und der „Poetik" (1498), die beide in Venedig gedruckt wurden[137], ferner zahlreicher Werke Galens, womit er sich schließlich als ärztlicher Autor profilierte. Auch pseudogalenische Werke sowie Schriften des Alexander von Aphrodisias und des Michael Psellos erschienen auf seine Initiative hin in neuer lateinischer Auflage[138]. Valla – von seinem Förderer Ermolao Barbaro[139] war er dem venezianischen Senat als „vir tantis opibus ingenii munitus, tanta et varia doctrina praeditus" empfohlen worden[140] – galt als wahrer „conciliator" zwischen den intellektuellen Lagern der Zeit, als Vertreter der neuen Bildung, welche auch die Naturwissenschaften einschloß, wobei sein fundiert philologischer Ansatz für die Akzeptanz seiner Übersetzungen unter den Humanisten von hoher Bedeutung war.

Unter den Ärzten wiederum, die im selben Jahrhundert sich auf das Feld der „studia humanitatis" vorwagten und damit den Graben von der *anderen* Seite zu überbrücken suchten (in Padua unterrichtete inzwischen der Universitätsprofessor Gasparino Barzizza in seinen literarischen Bildungskursen neben interessierten Humanisten und Juristen – darunter dem jungen Leon Battista Alberti – zunehmend auch Medizinstudenten!)[141], wäre vor allem der Florentiner Paolo dal Pozzo Toscanelli (1397–1482) zu nennen, ein umfassender Universalgelehrter, der in der Kunst- und Architekturtheorie des Quattrocento eine wichtige Rolle spielte und mit bedeutenden Künstlern und Philosophen befreundet war. Alberti widmete ihm die Schrift „Intercoenales"[142]. In unserem Zusammenhang erscheint von besonderer Bedeutung, daß der gebildete Humanist in der Widmung seine Tätigkeit mit derjenigen des Arztes ver-

---

[136] er beteiligte sich auch mit mehreren Übersetzungen an der 1498 bei Bevilacqua in Venedig gedruckten Galenausgabe, vgl. Baader, loc. cit. S. 56
[137] Baader, loc. cit.
[138] Hierzu ausführlich R. Durling, Linacre and Medical Humanism, in: Linacre Studies. Essays on the Life and Work of Thomas Linacre c. 1460–1524. Hrsg. von F. Maddison, M. Pelling und C. Webster. Oxford 1977, S. 78–84
[139] zu Ermolao Barbaro vgl. Baader (wie Anm. 17), S. 57; ferner V. Branca, L'umanesimo veneziano alla fine del Quattrocento. Ermolao Barbaro e il suo circulo, in: G. Arnaldi/M. Pastore Stocchi (Hrsg.), Storia della Cultura Veneta 3/I. Vicenza 1980, S. 123–175; ferner K. Bergdolt, Venedig und die Wissenschaftssprachen, in: Berichte zur Wissenschaftsgeschichte 17 (1994), S. 69–78, hier S. 73
[140] zit. nach Branca (wie Anm. 139), hier S. 162
[141] vgl. Buck (wie Anm. 35,2), S. 19; zu Alberti in diesem Kontext vgl. G. C. Sciolla (Hrsg.), Letteratura artistica dell'età dell'umanesimo. Antologia di testi 1400–1520. Turin 1982, S. 7
[142] vgl. E. Garin, Ritratto di Paolo dal Pozzo Toscanelli, in: La cultura filosofica del rinascimento Italiano. Florenz 1979, S. 313–334; ferner A. Parronchi, Le fonti di Paolo Uccello, in: Studi sulla dolce prospettiva. Mailand 1964, S. 508ff.; ferner S. Edgerton jr. The Renaissance discovery of linear perspective. New York 1975, S. 61–63

gleicht: Dieser sei für die „corpora aegrota" zuständig, er selbst dagegen für die „morbi animi"[143]. Antonio di Tuccio Manetti, der mutmaßliche Biograph Brunelleschis, bezeugt – wie später auch Vasari[144] – die Freundschaft von *Maestro Pagolo* mit Brunelleschi[145]. Nikolaus von Kues, der mit ihm zusammen in Padua studiert hatte, rühmte seine mathematische Begabung[146], und Edgerton vertrat die These, daß die von Toscanelli entwickelte Technik der Kartographie, von der später auch Kolumbus profitieren sollte, die Entwicklung der Perspektive in Florenz entscheidend geprägt hat[147]. Man darf annehmen, daß Toscanelli seinen Freund Brunelleschi, der seine theoretisch-mathematische Ausbildung nur einer relativ einfachen „scuola dell'abaco" verdankte[148], in die Theorie der Perspektive einführte und mit den Schriften von Biagio da Parma und anderer mittelalterlicher „prospettivi", d. h. scholastischer Philosophen, die sich besonders auch mit dem Sehen und der Optik auseinandersetzten, wie Witello, John Peckham oder Roger Bacon, vertraut machte[149]. Paolo, der wie Ugolino Verino[150] berichtet, selbst Bücher über die Perspektive verfaßt hat, ist nach Alessandro Parronchi mit großer Wahrscheinlichkeit auch Autor des Anfang des 15. Jahrhunderts in Florenz erschienen Traktats „Della prospettiva"[151], der ersten in der Volkssprache erschienen Abhandlung zu diesem Thema, die offensichtlich Brunelleschi, Alberti und Uccello[152], aber

---

[143] vgl. Garin, loc. cit. S. 316. Die Widmung ist abgedruckt bei H. Mancini, Leonis B. Alberti opera inedita et pauca separatim impressa. Florenz 1890, S. 122f.: „Tu quidem, ut ceteri physici, Paule, mi suavissime, amaras, et quae usque nauseam moveas, aegrotis corporibus medicinas exhibes; ego vero his meis scriptis genus levandi morbos animi affero, quod per vistum atque hilaritatem suscipiuntur"

[144] G. Vasari, Filippo Brunelleschi, in: Le Opere di Giorgio Vasari. Ed. G. Milanesi (Nachdruck 1981), S. 333: „Tornando poi da studio maestro Paolo da Pozzo Toscanelli e una sera trovandosi in un orto a cena con certi suoi amici, invitò Filippo ..."

[145] vgl. H. Saalman, The life of Filippo Brunelleschi by Antonio di Tuccio Manetti. University Park/Pennsylvania 1970, S. 55–57

[146] vgl. Garin (wie Anm. 142), S. 326

[147] vgl. Edgerton (wie Anm. 142), S. 122f.; ferner Garin (wie Anm. 142), S. 319ff.; eine direkte Korrespondenz Toscalleis mit Kolumbus ist allerdings umstritten, vgl. H. Vignaud, Vie de Colomb. Paris 1905, S. 21–23

[148] vgl. P. Burke, Die Renaissance in Italien. Sozialgeschichte einer Kultur zwischen Tradition und Erfindung. Berlin 1984, S. 41–53; hierzu auch M. Baxandall, Die Wirklichkeit der Bilder. Malerei und Erfahrung im Italien des 15. Jahrhunderts. Dt. Ausgabe Frankfurt am Main 1984

[149] hierzu auch Bergdolt (wie Anm. 12), S. XXIf.; zu den genannten Autoren vgl. D. C. Lindberg, A Catalogue of Medieval and Renaissance Optical Manuscripts. Toronto/Ontario 1975

[150] D'Ugolino Verino libri tre de illustratione urbis Fiorentinae. Paris 1790, S. 110 („Paulus geometer et idem philosophus ... terram qui norat et astra, qui perspectivae libros scripsit")

[151] Der Traktat ist abgedruckt bei Parronchi (wie Anm. 142), S. 559–841

[152] Zur Beeinflussung von Albertis „De statua" und „Della pittura" vgl. Parronchi (wie Anm. 142), S. 586ff.; zur Beeinflussung Uccellos ders. ibd. S. 508ff.

auch – nämlich bei der Abfassung seines dritten Kommentars – Ghiberti beeinflußt hat[153].

Gegen 1500 demonstrierten bereits zahlreiche europäische Ärzte die von Toscanelli vorgegebene „neue" Bildung. Ihre einst von Petrarca gegeißelte Sprache gewann in kürzester Zeit an Stil und Qualität. Alessandro Benedetti (1455–1525), der bereits 1493 für Padua ein „theatrum anatomicum" entworfen hatte[154], im übrigen aber uneingeschränkt der „prisca anatomia" der Alten vertraute, schrieb für seine 1502 in Venedig erschienene „Historia corporis humani sive Anatomice" eine durch ihren ciceronianischen Stil Aufsehen erregende Einleitung[155], während die in Wien lehrenden Kollegen Johannes Tichtel, Bartholomäus Stebel und Johannes Cuspinian vor 1520 ihre Werke in solch elegantem Latein verfaßten, daß der frühere Dekan der medizinischen Fakultät, Martin Stainpeis, Protest einlegte und für eine sprachliche Orientierung am mittelalterlichen „Avicenna latinus" plädierte[156]. Bereits zur Mitte des 15. Jahrhunderts hatte der aus Liegnitz stammende Arzt Vincent Schwoffheim, der, wie so viele seiner deutschen Kollegen, in Italien studiert hatte, seine „Regimina" mit in „klassischem" Latein formulierten Zitaten von Homer und Hippokrates geschmückt[157]. Der neue Trend zu den „studia humanitatis" schien um 1500 nördlich und südlich der Alpen, zumindest in den Augen der ärztlichen „opinion-makers", unaufhaltsam.

Auch die genannten Künstler aus Toscanellis Umkreis, aber auch etwa Filarete und Piero della Francesca, lasen, begierig, die Geheimnisse der Optik und Perspektive zu erfahren, medizinische und naturwissenschaftliche Schriften. Gegen Ende des Quattrocento waren Andrea Mantenga (1431–1506), Antonio Pollaiuolo (1432–1498) oder Andrea del Verrochio (1436–1488), bei dem Leo-

---

[153] vorausgesetzt freilich, daß Toscanelli Autor der Abhandlung ist. Die Freundschaft von Toscanelli und Ghiberti läßt sich durch ihre gemeinsame Bekanntschaft mit dem Sammler Niccolò Niccoli rekonstruieren, vgl. V. de Bisticci, Vite di uomini illustri del secolo XV, Bd. III. Ed. L. Frati. Bologna 1893, S. 81 und S. 90: „Non solo Nicolao prestò favore a uomini letterati ma intendendosi di pittura, scultura ed architettura, con tutti ebbe grandissima notizia, e prestò loro grandissimo favore nel loro esercizio: Pippo di Ser Brunellescho, Donatello, Luca della Robbia, Lorenzo di Bartoluccio e di tutti fu amicissimo."

[154] vgl. A. Gamba, Il primo teatro anatomico stabile di Padova non fu quello di Fabrici d'Acquapendente (= Atti e Memorie dell'Accademia Patavina di Scienze, Lettere ed Arti XCIX (1986/87) III: Classe die Scienze morali, lettere ed arti, S. 157–161

[155] vgl. V. Nutton, The changing language of Medicine, 1450–1550, in: Vocabulary of Teaching and Research between Middle Ages and the Renaissance. Hrsg. von O. Weijers (= Etudes sur le vocabulaire intellectuel du moyen age VIII). Brepols 1995, S. 184–19, hier S. 185; zur „prisca anatomia" Baader (wie Anm. 40), S. 189

[156] vgl. R. J. Durling, An early manual for the medical student and the newly-fledged practitioner: Martin Stainpeis' Liber de modo studendi seu legendi in medicina (Vienna 1520), in: Clio Medica 5 (1970), S. 7–33

[157] Nutton (wie Anm. 155), S. 187

nardo *auch* anatomischen Unterricht nahm[158], zumindest *Zeugen* von Sektionen. So war der Weg für die großen Meister der ersten Hälfte des 16. Jahrhunderts, Luca Signorelli (gest. 1524), Raffael (gest. 1520), Michelangelo (gest. 1564) und Tizian (gest. 1576) vorbereitet. Für diese Künstler war die Kooperation mit Ärzten bzw. Anatomen bereits selbstverständlich[159]. Es lag aber in der Natur der Sache, daß sich ihr Interesse, im Unterschied zu Leonardo, eher auf oberflächliche Muskeln und Knochen konzentrierte, letztlich auf den später so genannten „Écorché", den gehäuteten Muskelmann. Immerhin hatte – fast möchte man sagen im Gegenzug – Alberti bereits in seiner 1441 vollendeten Schrift „De famiglia" den *praktischen* Arzt gelobt, „durch dessen Bemühung die Gesundheit wiederhergestellt und gegen Rückfälle gesichert wird", im Gegensatz zu den scholastischen Theoretikern, „durch deren Weisheit man erfährt, ob die Speise, wie Hippokrates meinte, im Magen durch eine innewohnende Hitze verzehrt wird oder, wie Pleistonikos, der Schüler des Praxagoras behauptete, vermodert"[160]. Die Kritik Petrarcas wird nunmehr auf diesen Arzttypus eingeengt.

Der Aufstieg der *bildenden* Kunst, die ähnlich wie die Medizin um soziale Anerkennung in der Welt des Adels und des humanistisch beeinflußten Bürgertums rang, zur „ars liberalis" vollzog sich – so der Tenor der zeitgenössischen kunsttheoretischen Schriften – vor allem über die Verwandtschaft der Künste zur „prospettiva" (Perspektive), die ihrerseits eng mit der „geometria" und „arithmetica" des Quadriviums verbunden war, eine These, die vor allem von Alberti in „De pictura" (1435)[161] und Ghiberti in seinen „Commentarii" (um 1452) vertreten wurde[162]. Demgegenüber ließ sich die zunehmende Akzeptanz der Medizin in Humanistenkreisen einerseits (man denke an Giannozzo Manetti!) mit der nunmehr positiven Wertschätzung des Körpers durch die neue Humanistengeneration begründen[163], anderseits aber auch mit der zunehmenden Verflechtung von Anatomie, Optik, Perspektive und bildender Kunst, Themen, die in den Intellektuellen- und Künstlerzirkeln, ja – wie die Untersuchungen von Baxandall zeigten – auch im Bürgertum und in der Kaufmannschaft mit Interesse diskutiert wurden[164]. Daß der schon erwähnte

---

[158] vgl. S. Braunfels-Esche, Leonardo. Das Anatomische Werk. Mit kritischem Katalog und hundertfünfundsiebzig Abbildungen. Stuttgart 1961, S. 23
[159] vgl. hierzu Singer (wie Anm. 19), S. 332f.
[160] vgl. L. B. Alberti, Vom Hauswesen (De famiglia). Mit einer Einleitung von Fritz Schalk. Deutsch von Walther Kraus (= Bibliothek der Alten Welt). München 1962, S. 369
[161] vgl. L. B. Alberti, De pictura. Hrsg. von C. Grayson. Bari 1975; vgl. auch Sciolla (wie Anm. 141), S. 8
[162] hierzu Bergdolt (wie Anm. 12), S. XXIX–XXXI
[163] vgl. oben Anm. 120
[164] vgl. Baxandall (wie Anm. 148)

Humanist mit ärztlicher Ausbildung Marsilio Ficino[165], Sohn eines Arztes und immerhin Autor eines „Consilio contro la peste" (1479), gegen Ende des 15. Jahrhunderts eine Rede zum Lob der Heilkunst niederschrieb und hier Erasmus[166] vorwegnahm[167], kann kaum mehr überraschen. Im Blickfeld des Arztes steht für ihn der Mensch, der dank seiner Seele vor allen anderen Wesen Gott am nächsten steht, weshalb jede Therapie deren Stimmung mit zu berücksichtigen hat[168]. Dies war ein geradezu petrarchesker Ansatz, der sich – aller traditionellen Polarisierung zum Trotz – mühelos auf die ärztliche Therapie übertragen ließ. Ficino, der Platoniker, hatte keine Probleme, Avicenna, die berühmte mittelalterliche Autorität der Ärzte, als „göttlich" zu preisen. Auch andere, bisher in humanistischen Kreisen verpönte, höchst unterschiedliche Autoren wie der Araber Johannitus, aber auch Thomas von Aquin, Pietro d'Abano und selbstverständlich Hippokrates und Galen wurden jetzt gewürdigt[169].

Eine kleine Gruppe von Ärzten suchte den Kontakt zu den „studia humanitatis" vor allem über die Geschichte. Angespornt von der später auch von Bodin[170] übernommenen These, daß die Lektüre allgemeingeschichtlicher Themen Krankheiten heile, erklärte sie die Medizin andererseits selbst zu einer Geschichtswissenschaft[171]. Angesichts der extremen Hörigkeit der traditionellen Fachliteratur gegenüber den antiken bzw. arabischen „auctoritates" war dies nicht so merkwürdig, wie es uns heute erscheinen mag! Im 16. Jahrhundert, zur Zeit Vesals, gab es schon eine ganze Reihe von Autoren wie den Arzt Cardano[172] oder auch Machiavelli[173], die Medizin und Geschichte als Analoga betrachteten: Beide schöpfen schließlich aus der Vergangenheit Erfahrung zur Lösung praktischer Fragen der Gegenwart[174]. Nach Cardano ist die Historie

---

[165] zu Ficino vgl. Anm. 32
[166] vgl. Vortrag des Erasmus von Rotterdam zum Lobe der Heilkunst. Dt. und lat. Wiedergabe des Textes von 1518. Darmstadt o.J.
[167] vgl. Baader (wie Anm. 17), hier S. 53f.
[168] vgl. A. Buck, Der Beitrag des Renaissance-Humanismus zur Ausbildung des naturwissenschaftlichen Denkens, in: Sitzungsberichte der Gesellschaft zur Beförderung der gesamten Naturwissenschaften zu Marburg 87 (1966), S. 37
[169] vgl. Baader (wie Anm. 17), S. 54
[170] vgl. J. Bodin, Method for the Easy Comprehension of History. Ins Englische übersetzt von B. Reynolds. New York 1945, S. 12
[171] hierzu N. Siraisi, Anatomizing the Past: Physicians and History in Renaissance Culture (= The 1999 Josephine Waters Bennett Lecture), in: Renaissance Quarterly 53 (2000), S. 1–30
[172] zu Cardano vgl. N. G. Siraisi, The Clock and the mirror. Girolamo Cardano and Renaissance Medicine. Princeton 1997
[173] vgl. N. Macchiavelli, The Chief works. Mit einer Übersetzung ins Englische von Alan Gilbert. Durham 1989
[174] hierzu Siraisi (wie Anm. 171), S. 2f.

für den Arzt auch dann von Nutzen, wenn es gilt, Fachwissen „schön und mit Geschmack vorzutragen"[175]. Pietro d'Abano[176], der französische Professor und päpstliche Leibarzt Guy de Chauliac[177] oder der Paduaner Gelehrte Jacopo Dondi[178] – obgleich Arzt Briefpartner, ja Freund Petrarcas (und nebenbei Konstrukteur der ersten bekannten astronomischen Uhr[179]) – verliehen, wie Nancy Siraisi jüngst feststellte, bereits im 14. Jahrhundert ihrer medizinischen Fachprosa einen deutlich historisierenden Akzent[180]. 1447 veröffentlichte entsprechend der Ferrareser Arzt Michele Savonarola (der Onkel des revolutionären Dominikaners Girolamo Savonarola!) den „Libellus de magnificis ornamentis regiae civitatis Paduae", eine Eloge auf Paduas Vergangenheit und Kunstlandschaft[181]. Hippokrates selbst galt als Historiker („historicus et non praeceptor", wie noch Franciscus Valles im 16. Jahrhundert notierte)[182]. Bis zum Auftritt der ersten umfassend, d. h. auch naturwissenschaftlich gebildeten Arzt-Humanisten-Generation gegen Ende des 15. Jahrhunderts hatte die Medizin allerdings – ausgehend von Pietro d'Abano oder Dondi – noch einen weiten Weg zurückzulegen.

Letztlich war aber wohl weniger das zunehmende historische oder philologische Engagement der Mediziner hier wegweisend als ein neues, über Manetti hinausgehendes naturwissenschaftliches Interesse führender Humanisten, das vor allem durch Funde bisher verschollener antiker Fachtexte angeregt wurde (ein Schlüsselereignis war dabei der 1478 erfolgte Druck der 1425 durch Guarino da Verona entdeckten Schrift „De medicina" des römischen Enzyklopädisten Celsus!)[183]. Der neue Trend, d. h. die Legitimitierung naturwissenschaftlicher Forschungen und Lektüren durch die ursprünglich sprachlich-rhetorisch auftrumpfenden Humanisten wurde vor allem durch Ermolao Barbaro gefördert, den einflußreichen venezianischen Gelehrten und späteren Patriarchen von Aquileia[184]. Die jeweiligen Fachsprachen, die naturwissenschaftlich-medizinische wie die humanistisch-philologische, wurden, wie am Beispiel Benedettis und Schwoffheims gezeigt werden konnte, infolge des neuen geistigen Austauschs ähnlicher und beide in gleicher Weise nun nach Stil

---

[175] vgl. Des Girolamo Cardano von Mailand eigene Lebensbeschreibung (= Lebensläufe, Biographien, Erinnerungen, Briefe 18). München 1969, hier S. 145
[176] zu Pietro vgl. Siraisi (wie Anm. 47), S. 110–123; ferner Bergdolt (wie Anm. 39), S. 19f.
[177] zu Guy de Chauliac vgl. Bergdolt, loc. cit. S. 25 und 64–66
[178] zu Jacopo Dondi Siraisi (wie Anm. 47), S. 150
[179] Bergdolt (wie Anm. 39), S. 30
[180] Siraisi (wie Anm. 171), S. 5f.
[181] vgl. Sciolla (wie Anm. 141), S. 59
[182] Siraisi, loc. cit. S. 12
[183] vgl. Ongaro (wie Anm. 5), S. 96
[184] zu Ermolao Barbaro vgl. Anm. 139

und Eloquenz bewertet. Ermolao Barbaro, besorgte auch, ohne sich um alte Vorbehalte zu kümmern, die Textkritik aristotelischer Schriften, die auch Kommentatoren wie Porphyrios, Themistios oder Simplikios einschloß[185]. Zwischen 1474 und 1485 machte er sich daran, den gesamten Aristoteles entsprechend den neuen humanistischen Anforderungen zu übersetzen und zu kommentieren[186]. Auch Dioskurides, Pomponius Mela und Plinius erschienen ihm und seinen Schülern einer philologischen Analyse würdig, wobei er sich – aus seiner Sicht wohl berechtigt – noch 1480 über die gewaltige Selbstüberschätzung der Ärzte auf dem sprachlichen und philosophischen Sektor lustig machte, „quia infantissimi sint nec latine loqui sciant nec graece"[187]. Auch sonst polemisierte Barbaro zuweilen in guter humanistischer Tradition gegen die Schulmedizin: Von den arabischen Autoren und ihren falschen Übersetzungen aus dem Griechischen wolle er lieber schweigen, da sie mehr Unheil anrichteten als nützten; aus diesem Grund brächten die zeitgenössischen Ärzte, wenn sie die originalen Schriften der Griechen vernachlässigten, ihren Patienten tödlichen Schaden[188]. Den Grund für ärztliche Schwächen, Fehldiagnosen und Irrtümer sahen die Humanisten also primär in der Tatsache, daß die autoritativen Texte der Antike nicht mehr in ihrer Urform zur Verfügung standen.

Barbaro war davon überzeugt, daß die Aussagen antiker Autoren nur aus der Kenntnis ihrer Gesamtwerke erschließbar seien, weshalb er die Editionen der jeweiligen *Opera omnia* für ein besonderes Desiderat hielt. Im Palazzo Vendramin in Venedig hielt der berühmte Humanist seine „Lecturae Aristotelis" ab und setzte 1472 mit den „Castigationes Plinianae" neue Maßstäbe, was die Kritik aus der Antike überlieferter naturwissenschaftlicher Fachtexte betraf[189]. Hierbei wurden nicht nur Übersetzer, Kopisten und mittelalterliche Kommentatoren gegeißelt, sondern die Aussagen des römischen Autors, teilweise nach experimenteller Überprüfung, selbst in Frage gestellt. In einem Brief an den Humanistenkollegen Marcus Antonius Sabellicus verwies Ermolao Barbaro stolz auf 2000 von ihm bereits „geheilte" (!) Plinius-Stellen[190]. Die Humanisten begannen sich kritischer denn je mit den verehrten „auctoritates" auseinanderzusetzen. Sie scheuten dabei aber nicht mehr den Umgang mit naturwissenschaftlichen und medizinischen Fachtexten.

---

[185] hierzu Bergdolt (wie Anm. 139), S. 73
[186] vgl. Branca (wie Anm. 139), S. 132
[187] zit. nach Branca, loc. cit.
[188] Baader (wie Anm. 17), S. 57
[189] Branca (wie Anm. 139), S. 150–157
[190] zit. nach Baader (wie Anm. 17), S. 57

Frühere Generationen wären von diesem Aristotelismus befremdet gewesen, der zudem, wie man annahm, durch die Lehre des Averroes verfälscht worden war, jenen „wütenden Hund", wie Petrarca empört notiert hatte[191]. Daß er auch erklärt hatte, daß Aristoteles „als Mensch ... nicht nur in kleinen Dingen, wo ein Irrtum unwichtig und wenig gefährlich ist, sondern auch in sehr bedeutenden, das Heil der Menschen betreffenden Fragen sich geirrt hat, und zwar völlig", geriet in den Hintergrund[192]. Immerhin sammelte um 1460 selbst Kardinal Bessarion, der Schüler Plethons, Platoniker aus Leidenschaft, der in seinem Hauptwerk „In calumniatorem Platonis" die Vorrangstellung Platons noch unterstrich, systematisch *auch* Schriften des Aristoteles, und Trapezuntios verteidigte um 1460 den Stagiriten leidenschaftlich in seinen Vorlesungen und übersetzte auch dessen „Rhetorik"[193]. Auch Giannozzo Manetti, der, wie wir hörten, Aristoteles und Albertus Magnus als *auctoritates* akzeptierte, war als junger Mann im Kreis von Santo Spirito in Florenz mit der aristotelischen Physik bekanntgemacht worden[194] – in solchen konservativ geprägten Zirkeln, denen auch viele Humanisten angehörten, hatte sich der alte scholastische Bildungskanon fast unversehrt erhalten. In Florenz las zur Mitte des Quattrocento Argyropulos[195] die Hauptwerke des Aristoteles, und im Rahmen der von Nikolaus V. (1447–1455) initiierten Übersetzerinitiativen und seiner berühmten Bibliotheksgründung bemühten sich viele Exilgriechen wie Trapezuntios oder Theodor von Gaza um neue, mehr oder weniger gelungene Ausgaben des Stagiriten[196]. Die Tatsache, daß die von Petrarca angeprangerten mittelalterlichen „Kommentatoren" wie etwa Averroes ihre Vorrangstellung verloren, ermöglichte die Integration des Aristoteles in den neuen Lesekanon der Intellektuellen – ein wichtiger, ja entscheidender Schritt auf dem Weg zur Versöhnung des humanistischen und ärztlichen Diskurses! Platon und Aristoteles galten so gegen 1500 nicht mehr als Antipoden, wie Petrarca unterstellt hatte, sondern – man denke an Raffaels Schule von Athen (Abbildung 4) – als gleichwertige Symbolfiguren einer metaphysisch-göttlichen bzw. naturwissenschaftlich erfahrbaren irdischen Welt. Aristoteles erhielt geradezu seine mittelalterliche Bedeutung zurück (an den Universitäten selbst, von den meisten Humanisten eher verachtet, hatte er sie allerdings im

---

[191] „quel rabbioso cane ch'è Averroe ...", zit. nach Bergdolt (wie Anm. 39), S. 27
[192] Petrarca, De sui ipsius et multorum ignorantia (wie Anm. 38), S. 50 („nec dubito illum in rebus tantum parvis, quarum parvus et minime periculosus est error, sed in maximis et spectantibus ad salutis summam aberrasse tota")
[193] vgl. Bergdolt (wie Anm. 139), S. 72
[194] vgl. Voigt (wie Anm. 94), Bd. I, S. 323
[195] zu Argyropoulos vgl. loc. cit. S. 367–370
[196] vgl. loc. cit. Bd. II, S. 137–147 (zu Trapezuntios und Theodor von Gaza)

Abb. 4: Platon und Aristoteles, in: Die Schule von Athen (Raffael 1509–10), Vatikan, Stanza della Segnatura (Ausschnitt)

Regelfall durchgehend behalten!)[197]. Das allgemeine Interesse an den Naturwissenschaften wuchs, wobei „scientia naturalis" und „sapientia" – für Dante und Petrarca noch natürliche Gegensätze – als legitime Wege menschlicher Erkenntnis akzeptiert wurden[198]. Selbst ein Graezist und Schöngeist vom Range Filelfos (1398–1481), der es in jüngeren Jahren zum kaiserlichen Rat in Konstantinopel gebracht hatte und später in Florenz durch seine griechische Mode auffiel[199], zögerte nun nicht mehr, Galens „Introductorium in medicinam" – in der Neuübersetzung Vallas – herauszugeben[200]. Es schien plötzlich absurd, die Welt des Geistes von derjenigen der Naturwissenschaften zu trennen, und nicht zufällig war der schon mehrfach erwähnte Ficino Arzt, Aristotelesverehrer *und* leidenschaftlicher Platoniker in Personalunion[201].

Die Zeit, die Vesal antraf, war so, was die alte „disputà" anging, versöhnlich gestimmt. Sie war reif für humanistisch versierte Ärzte, die, wie der Bologne-

[197] hierzu C. B. Schmitt, Aristoteles bei den Ärzten, in: Humanismus und die Oberen Fakultäten (wie Anm. 40), S. 239–266
[198] hierzu auch Branca (wie Anm. 139), S. 134; vgl. auch Bergdolt (wie Anm. 39), S. 17
[199] zu Filelfo vgl. ausführlich Voigt (wie Anm. 94), Bd. I, S. 348–366
[200] vgl. Durling (wie Anm. 138), S. 78
[201] vgl. oben Anm. 32

ser Professor Urceo Codro (1446–1500), davon überzeugt waren, daß allein griechischkundige Kollegen Hippokrates und Galen verstehen, ja verantwortungsvoll Kranke behandeln könnten[202]. Die Annäherung von Medizin und Humanismus, deren Spuren zwischen 1350 und 1500 wir verfolgten, vollendete sich. Die Anregung zu neuen anatomischen (fast möchte man sagen) *Kontroll*studien ging von den Humanisten selbst aus, den neuen Bundesgenossen der ihrerseits nunmehr zunehmend auch philologisch versierten Mediziner, welche die von Mondino vertretene „arabische Anatomie" brandmarkten[203]. Viele Ärzte machten sich nun als kritische Neuübersetzer ans Werk, etwa Thomas Linacre (1460–1524) in Padua oder Johann Winter von Andernach (1487–1574) in Paris, dessen medizinische Fakultät angesichts des allgemeinen Interesses an den Urschriften Galens ebenfalls einen Aufschwung erlebte. 1531 erschien Winters Übersetzung „De anatomicis administrationibus libri XV", 1536 auf deren Basis sein Lehrbuch „Institutiones anatomicae"[204]. Der Bologneser Anatom Berengario da Carpi (1470–1530) warnte in seinen (posthum 1552 erschienenen) „Commentaria cum additionibus super anatomiam Mundini" davor, den Autoritäten „wie das Vieh" zu folgen[205] und verkündete bereits acht Jahre *vor* Vesals „Tabulae" (1530), er lasse sich allein von der „experientia sensualis" leiten[206]. Auch Vesals einstiger Pariser Kommilitone Charles Estienne berief sich – unter einer für konservative Anatomen geradezu paradox klingenden Berufung auf ein Galenwort[207] – in seinem 1539 abgeschlossenen, doch erst 1545 gedruckten Werk „De dissectione partium corporis humani"[208] auf die eigene Augenerfahrung, vermutete im übrigen aber, Galen habe „uns manches verschwiegen"[209]. Eine noch verblüffendere Strategie zur Verteidigung des Pergameners hatte allerdings der Anatom und Philologe Jacques Dubois in Paris entwickelt: Differenzen zwischen Galentexten und Sektionsbefunden dokumentierten seiner Meinung nach die seit der Antike nicht zu übersehende, mehr oder weniger fortschreitende menschliche

---

[202] vgl. V. Nutton, Greek science in the sixteenth-century Renaissance, in: Renaissance and Revolution. Humanists, scholars, craftsmen and natural philosophers in early modern Europe. Hrsg. von J.V. Field und F.A.J.L. James. Cambridge 1993, S. 15–28, hier S. 21
[203] Boas (wie Anm 2), S. 147
[204] Boas, loc. cit. S. 148f.
[205] vgl. G. Rath, Andreas Vesal im Lichte neuerer Forschungen (= Beiträge zur Geschichte der Wissenschaft und Technik, hrsg. von B. Sticker). Wiesbaden 1963, S. 9
[206] vgl. Berengario da Carpi, Isagogae breves et exactissimae in anatomiam humani corporis. Straßburg 1530, Kapitel: De rete mirabile ...", O 5
[207] Galen, De usu partium II,3 (Kühn III, S. 98): „Quicunque igitur vult operum naturae esse contemplator, non oportet eum anatomicis libris credere, sed propriis oculis."
[208] C. Stephanus, De dissectione partium corporis humani libri tres. Paris 1545
[209] loc. cit. S. 76

Dekadenz, die sich auch im Bau des Körpers offenbare[210]. Der genannte Paduaner Arzt und Latinist Alessandro Benedetti, selbst Herausgeber einer Plinius-Schrift, verbesserte in seinem Lehrbuch „Historia corporis humani sive Anatomicae" (1502) die medizinische Fachnomenklatur nach dem sprachlichen Vorbild der Schrift „De humani corporis partibus" des erwähnten Humanisten Giorgio Valla sowie des „Onomasticon" des im 2. Jahrhundert in Athen wirkenden, aus Ägypten stammenden Lexikographen Iulius Pollux (134–192)[211]. Benedetti, das Gegenteil eines traditionsergebenen Buchgelehrten, hatte vor seinem Ruf nach Padua die venezianischen Besitzungen in der Levante bereist, in Morea und Kreta zahlreiche seltene Krankheiten behandelt und sozialmedizinische Untersuchungen angestellt[212]. Wie ausgeführt, forderte er auch die Errichtung eines Anatomischen Theaters nach antikem architektonischem Vorbild, „quale Romae ac Veronae cernitur"[213]. Das Werk stellte die erste ausschließlich der Anatomie gewidmete Schrift seit Mondino dar.

Durchaus repräsentativ für den neuen humanistischen Ehrgeiz der Mediziner widmete auch der Engländer John Caius („Britannicus", 1510–1575), Vesals Studiengenosse und Freund in Padua, wie Marie Boas bemerkte, den „größten Teil seines Lebens der Herausgabe von Galens Werken"[214]. Auch der genannte Niccolò Leoniceno, dessen vierbändiges Werk „De Plinii et plurium aliorum medicorum erroribus" bereits zwischen 1492 und 1509 erschienen war[215], sowie der deutsche Arzt und Botaniker Leonhart Fuchs, der nach Leonicenos und Vesals Vorbild 1530 seine kritische Schrift „Errata recentiorum medicorum LX numero, adiectis eorundem confutationibus" veröffentlichte[216], betrachteten sich als „humanistische" Autoren. Die neue Medizinergeneration erkannte sehr bald, daß hinter Sektionserfahrung und Bücherschreiben auch der Ruhm als Autor lockte. Die Reaktionen der konservativen Gegner waren so verständlicherweise nicht nur sachlich, sondern häufig von Neid und Eifersucht erfüllt[217]. Vor allem an den Universitäten wurde die Kri-

---

[210] hierzu G. Baader, Jacques Dubois as a practitioner, in: A. Wear, R. French und J. M. Lonie (Hrsg.), The medical Renaissance of the 16th century. Cambridge, London, New York ... 1985, hier S. 146

[211] zu Benedetti ausführlich Ongaro (wie Anm. 5), S. 97; vgl. auch Anm. 154; ferner L. R. Lind, Pre-Vesalian Anatomy. Biography, Translations, Documents (= American Philosophical Society Vol. 104). Philadelphia 1975, hier S. 67–137

[212] vgl. Lind (wie Anm. 111), S. 69–72

[213] zit. nach Benedetti bei Ongaro, loc. cit. S. 97; vgl. auch Anm. 154 und 155

[214] Boas (wie Anm. 2), S. 150

[215] vgl. Anm. 30 und 112; ferner M. Zitter, Im Kampf gegen die „Irrtümer der Ärzte". Leonhart Fuchs in der Medizin seiner Zeit, in: Leonhart Fuchs (Ausstellungskatalog, wie Anm. 10), hier S. 71

[216] Zitter, ibd. S. 69

[217] hierzu ausführlich Zitter, ibd. S. 69–75

tik an den Autoritäten nur zögernd akzeptiert. Noch in der zweiten Jahrhunderthälfte (1569) tadelte der Philosoph und Humanist Alessandro Piccolomini den Eifer, mit dem man in Italien Medizin und Naturwissenschaften studiere – und die Tugenden vernachlässige[218]. Daß Galen selbst nicht geirrt haben konnte, sondern nur die Übersetzer, stand für die Mehrzahl der „neuen" Anatomen außer Frage. Es kostete Überwindung und Mut, objektive Befunde, sofern sie der überkommenen Lehre widersprachen, niederzuschreiben. Selbst der einflußreiche Berengario da Carpi, für O'Malley „the first man not constantly overwhelmed by earlier authorities"[219], wies in seinen „Commentaria" auf das Dilemma hin: „Was ich gegen Avicenna und andere Autoren sagte, geschah im Vertrauen auf meine Beobachtungen, wenn auch mit *Furcht*"[220]. Offen zu beweisen, daß Galen häufig geirrt hatte, kam, in der Nachfolge Barbaros und Leonicenos, letztlich erst Vesal zu, der allerdings 1538 in seinem berühmten Frühwerk, den „Tabulae anatomicae sex" (es handelte sich um ausgearbeitete, von dem Tizian-Schüler Jan van Kalkar und – was die Gefäße anging – wohl von Vesal selbst illustrierte Vorlesungsaufzeichnungen) ebenfalls noch galenische Irrtümer wie die fünfteilige Leber, das siebenteilige Brustbein und das *rete mirabile* wiedergab, ein Wundernetz an der Gehirnbasis, das nicht existiert, aber seit der Antike immer wieder beschrieben worden war[221].

Daß die mit seinem Namen verbundene „Renaissance der Anatomie" gerade oberitalienische Universitäten auszeichnete (und z. B. nicht Flandern, wo Vesal studiert hatte), leitete Katherine Park von mentalitätsgeschichtlichen Unterschieden zwischen Nordeuropa und Italien ab[222]. Im Süden habe die Vorstellung dominiert, daß die Seele in einem punktuell und abrupt gedachten Sterbevorgang den Körper verläßt, während nördlich der Alpen dem Leichnam, zumindest bis zum Beginn seiner Verwesung, noch Zeichen des Lebens zuerkannt worden seien[223]. Mit der Sektion hätte eine breite Öffentlichkeit dort deshalb „eine Verletzung der Persönlichkeit" verbunden. Die in Deutschland im Vergleich zu Italien traditionell längere Zeitspanne zwischen Tod und Beisetzung, aber auch die dort verbreitete naturalistische Darstellung des Leichnams, häufig mit allen Zeichen der Verwesung (etwa auf Grabmälern oder bei „Memento-mori"-Motiven), werden auf diesen Umstand zurück-

---

[218] vgl. Buck (wie Anm. 43,2), S. hier 183
[219] O'Malley (wie Anm. 5), S. 19; zu Berengario auch ausführlich Lind (wie Anm. 211), S. 157–165
[220] vgl. Berengario da Carpi, Commentaria cum additionibus super anatomiam Mundini. Bologna 1552, S. 397b
[221] vgl. O'Malley (wie Anm. 5), S. 65f.; ferner Rath (wie Anm. 205), S. 16–18
[222] vgl. K. Park, The Life of the Corpse: Division and Dissection in Late Medieval Europe, in: Journal of the history of Medicine and Allied Sciences 50 (1995), S. 111–132
[223] so gab es in Deutschland die Vorstellung, daß totgeborene Kinder zur Taufe vorübergehend lebendig würden, vgl. Park ibd. S. 117

geführt²²⁴. Obgleich die These theologisch wie kunsthistorisch brüchig erscheint²²⁵, fällt doch auf, daß die „neue Sicht" der Anatomie tatsächlich von Süden nach Norden exportiert wurde. Immerhin hat Leonhart Fuchs nach Vesals Vorbild in Tübingen bereits in den Vierzigerjahren des 16. Jahrhunderts jedem Medizinstudenten die Teilnahme an zwei „modernen" anatomischen Sektionen pro Jahr vorgeschrieben²²⁶.

Demgegenüber versuchte Timo Joutsivuo, die „humanistische" Medizin durch einen spezifisch-kritischen Umgang mit dem alten, von dem alexandrinischen Arzt Herophilus sowie der Stoà und Galen überlieferten Begriff „neutrum" zu charakterisieren²²⁷. Unterschiedliche Interpretationen der alten Texte hätten im 15. Jahrhundert dazu geführt, daß der Zustand des „Weder-Noch" (ne-utrum) – von der klassisch-aristotelischen, auch bei Galen berücksichtigten Vorstellung eines instabilen Zwischenzustands zwischen „krank" und „gesund" abgesehen²²⁸ – gegen 1500 auch als eine Art gesundheitserhaltende Kraft oder als angeborener Habitus verstanden worden sei. Weitere Deutungen der neuedierten Schriften ermöglichten nach Joutsivuo die Vorstellung von „Neutralkörpern", die besonders Alten, Rekonvaleszenten oder bestimmten krankheitsanfälligen Menschen eigen seien²²⁹. Andererseits hätten sich aristotelische Interpretationen des „Zwischenzustands" bis ins 17. Jahrhundert erhalten. Die galenischen Schriften „Ad Thrasybulum", „De sanitate tuenda" und „Ars medica" seien in diesem Zusammenhang von den Arzthumanisten widersprüchlich und mehrdeutig kommentiert worden. Deren Grundüberzeugung „of the individed truth of the ancient medicine" führte offensichtlich zu erheblichen, geradezu „vorprogrammierten" Deutungsschwierigkeiten, die vor allem in Giovanni Manardis Kommentar zum ersten Buch der „Ars medica" zusammengefaßt wurden²³⁰. Wie es für die Medizin des frühen 16. Jahrhunderts typisch war, wurden auch hier scholastische *und* humanisti-

---

²²⁴ vgl. Park, ibd. S. 114–125
²²⁵ Ungeachtet einiger aus der Volkskunde vorgebrachter Beispiele Parks bestand so in der katholisch geprägten Welt des Spätmittelalters eine relativ einheitliche theologische Konzeption des Todes. Die unterschiedlichen naturalistischen bzw. idealisierten Darstellungen von Leichnamen in der bildenden Kunst, vor allem gegen 1500, sind wohl eher auf die traditionellen Schönheitsideale der italienischen Renaissance bzw. auf Albertis Einfluß (De pictura, 1435) zurückführen. Außerdem müßte zwischen unterschiedlichen Stilstufen und -perioden klarer unterschieden werden.
²²⁶ vgl. Heinze (wie Anm. 1), S. 15
²²⁷ vgl. Anm. 30
²²⁸ vgl. Galen, De arte medica I,1, vgl. Kühn I, S. 307: „Medicina est scientia salubrium, et insalubrium, et neutrorum"; hierzu auch Bergdolt (wie Anm. 60), S. 103
²²⁹ Joutsivuo (wie Anm. 30), S. 216
²³⁰ Joutsivuo, loc. cit. S. 35f., 76f., 80f., 88–93, 241

sche Methoden bzw. Interpretationstechniken verglichen und, wenn auch mühsam, vereint.

Lesen wir die anfangs zitierten Zeilen Leonardos genauer, so erfahren wir, daß der Künstler, der nicht nur im Florentiner Hospital Santa Maria Nuova Sektionen verfolgt, sondern die „notomia degli uomini" nach Vasari auch in Pavia bei dem Anatomen Marcantonio della Torre studiert hatte[231], angesichts der Leichenöffnungen durchaus Ekel empfand. Dem unbekannten Gesprächspartner, der behauptet, „es sei besser zuzusehen, wie man solche Anatomie macht, als solche Zeichnungen anzusehen[232]", hält er nämlich entgegen, daß in guten Zeichnungen alles „durch eine einzige Figur aufgezeigt werden"[233] kann. Einer solchen Systematisierung sei die Sektion nicht fähig[234], von der Furcht des Anatomen ganz abgesehen, „zu nächtlichen Zeiten in Gesellschaft von solchen gevierteilten und geschundenen Toten zu wohnen, die schrecklich anzusehen sind"[235]. Tatsächlich war die Öffnung von Leichnamen im 16. Jahrhundert alles andere als eine ästhetische und ethisch unumstrittene Angelegenheit; die Präparation hatte immer noch die Aura des Unheimlichen und Illegalen. Auch Vesal berichtete, wie er nachts als Student heimlich auf Hinrichtungsstätten Menschenknochen gesucht habe[236]. Der Übergang ins kriminelle Milieu schien nahtlos, ein Umstand, der viele Zeitgenossen und Ärzte vom anatomischen „artificium" abgeschreckt haben dürfte[237]. Zudem stellte die Sektion nach Ansicht vieler Juristen und Ärzte eine schwer zu begründende „zweite Bestrafung" des bereits Exekutierten dar[238]. Auch aus diesem Grund mag mancher antivesalianische Medizinprofessor, besonders im Norden[239], darauf verzichtet haben, die Aussagen Galens in der Praxis zu überprüfen. Daß

---

[231] vgl. hierzu Nuland (wie Anm. 20), S. 26; zu Marcantonio della Torre vgl. G. Milanesi (Hrsg.), Le opere di Giorgio Vasari. Florenz 1906, Bd. IV (Vita di Leonardo), S. 34f.; ferner M. Bucci, Anatomia come arte. Florenz 1969, S. 126

[232] vgl. Leonardo (wie Anm. 20), S. 81

[233] loc. cit.

[234] Interessanterweise plädieren auch Autoren zeitgenössischer Pflanzenbücher und Herbarien gegen allzu naturalistische Abbildungen, da sie der Schematisierung – und damit der Didaktik – abträglich seien, vgl. Boas (wie Anm. 2), S. 61

[235] Leonardo (wie Anm. 20), S. 81

[236] hierzu ausführlich J. Sawday, The Body Emblazoned. Dissection and the human body in Renaissance culture. London/New York 1996, S. 195

[237] Sawday, loc. cit. S. 54–84

[238] Noch im 17. Jahrhundert vertrat der deutsche Rechtsgelehrte Benedikt Carpzov (1595–1666) die These, auch die Leichen Hingerichteter hätten Anspruch auf Integrität („morte crimen finitur"), vgl. hierzu J. Pauser, Sektion als Strafe?, in: N. Stefenelli (Hrsg.), Körper ohne Leben – Begegnung und Umgang mit Toten. Wien/Köln/Weimar 1998, hier S. 529

[239] vgl. etwa den Verzicht auf Sektionen an der Universität Leipzig zu Beginn des Jahrhunderts, hierzu K. Sudhoff, Die medizinische Fakultät zu Leipzig im ersten Jahrhundert der Universität. Leipzig 1909, hier S. 113–125

der venezianische Podestà von Padua, Marcantonio Contarini, 1539 Vesal offiziell Leichen Hingerichteter zur Verfügung stellte, bestätigte als Ausnahme nur die Regel[240].

Bei aller Bewunderung für Leonardos Zeichnungen – er war der erste, der, um die didaktische Wirkung zu verstärken, Serien-, Schnitt- und Schemazeichnungen anfertigte und perspektivische Einblicke in den Körper bot[241] – bleibt zudem festzuhalten, daß die berühmtesten Anatomie-Darstellungen der Renaissance keinen echten Aufbruch in ein neues Anatomie-Zeitalter symbolisierten – von der Tatsache abgesehen, daß sie für private Notizbücher bestimmt waren und in der Welt des frühen 16. Jahrhunderts schon deshalb keine Breitenwirkung entfalten konnten[242]. So sehr sich Leonardo auch – im Gegensatz zu den meisten seiner Künstlerkollegen – für die *tiefen* Schichten des menschlichen Körpers interessierte, seine großartigen Skizzen setzen in der Regel, man denke an die Darstellung der Brust- und Bauchgefäße oder der drei „Hirnkammern", traditionell galenistische Vorstellungen um[243]. Dies galt wohl – nebenbei bemerkt – selbst noch für Michelangelo, der 1547 in Rom mit Vesals Paduaner Nachfolger Realdo Colombo über anatomische Fragen diskutierte[244]. Leonardos sich von Scholastik *und* „studia humanitatis" emanzipierende Neugier (die auch Problemen galt, die für bildende Künstler ohne *praktische* Bedeutung waren und sich an keinem tradierten Bildungskanon orientierte[245]) fand im vorvesalianischen Wissenschaftsstand – der Künstler starb bereits 1519 – ihre Grenzen. Wenn er auch „diejenigen, welche die Alten und nicht die Natur erforschten", tadelte und durch seine „unkonventionellen Fragestellungen über seine Zeit hinauswies", blieb er auf medizinischem Gebiet, wie Nuland zu Recht betonte, „influenced by the formulations of his predecessors"[246]. Dies galt freilich auch für professionelle Anatomen, die *nach* Leonardos Tod (1519), aber *vor* Vesals Fabrica (1543) Sektionsanleitungen und Schriften über den menschlichen Körper publizierten, etwa für den erwähnten

---

[240] vgl. Ongaro (wie Anm. 5), S. 102
[241] vgl. S. Braunfels-Esche, Leonardo als Begründer der wissenschaftlichen Demonstrationszeichnung, in: Humanismus und Medizin (= Mitteilung XI der Kommission für Humanismusforschung der DFG). Hrsg. von R. Schmitz und G. Keil. Weinheim 1984, S. 23–50, hier S. 26–29
[242] vgl. N. G. Siraisi (wie Anm. 106), S. 97. Allerdings hatte zum Beispiel der Kardinal von Aragon Einsicht in seine Notizbücher genommen, vgl. Roberts/Tomlinson (wie Anm. 23), S. 100
[243] vgl. Léonard de Vinci. Dessins anatomiques (anatomie artistique, descriptive et fonctionelle). Hrsg. von Pierre Huard. Paris 1968, hier S. 68f., 74f., 218f. (mit Abbildungen)
[244] vgl. Bucci (wie Anm. 231), S. 123
[245] vgl. K. Clark. Leonardo da Vinci. Mit Selbstzeugnissen und Bilddokumenten. Aus dem Englischen von Th. Puttfarken (= Rowohlt Monographire 153). Reinbek 1969. Leonardo interessierte sich u. a. für Optik, Astronomie, Zoologie, Physik, Philosophie, Ethik und Kosmologie, vgl. Leonardo, Tagebücher (wie Anm. 21), S. 27–124
[246] vgl. Nuland (wie Anm. 20), S. 6

Berengario da Carpi aus Bologna (1530), für Niccolò Massa aus Padua (1536)[247] oder Johannes Dryander aus Marburg (1541)[248]. Ihre Werke enthalten ein paar bemerkenswerte neue Namen und Tatsachen, doch „keines ist dem anderen fühlbar überlegen"[249].

Wer im 16. Jahrhundert ernsthaft Anatomie betreiben, d. h. für oder gegen Galen oder Mondino Stellung beziehen wollte, mußte Philologe sein *und* selbst das Skalpell in die Hand nehmen. Leonardos Bedenken gegenüber der *praktischen* Anatomie, die er aus ästhetischen bzw. ethischen Gründen zugunsten der (freilich nur auf deren Basis akzeptierten) Lehrzeichnung auf das Notwendigste zu beschränken gedachte[250], stand Vesals Mißbilligung der unter den Ärzten immer noch verbreiteten Meinung gegenüber, „diejenigen, die hier handwerkliche Arbeit auf sich nähmen, blieben unwissender, als wenn sie Schriften läsen, welche Professoren zur Sektion geschrieben haben"[251]. Die philologisch-humanistisch initiierte Auseinandersetzung mit Galen führte so unter Vesals Anleitung zu einer sensationellen Aufwertung des von den Humanisten und akademisch gebildeten Medizinern ursprünglich tief verachteten *Handwerks*[252]. Sein berühmter, vielleicht aus der Lektüre Leonardos da Bertapaglia, eines Paduaner Anatomen des frühen Quattrocento (1429), angeregter[253] Appell an die Studenten („Ich will euch das nicht vorsagen – tastet und fühlt mit euren eigenen Händen und vertraut ihnen"[254]) mußte in seiner Konsequenz über Leonardos Anatomieerfahrungen hinausführen, wobei ihn seine Vorliebe für Demonstrationsbilder, denen er neben der Sektion eine wichtige didaktische Funktion zuwies, durchaus mit den (ihm allerdings unbekannten) Zeichnungen des großen Künstlers verband. Allein schon

---

[247] zu Niccolò Massa, auch als Autor eines „Liber de Morbo Gallico" bekannt vgl. Ongaro (wie Anm. 5), S. 88; ferner ausführlich Lind (wie Anm. 211), S. 165–253

[248] zu Dryander, Rektor der Universität Marburg, Anatom und medizinischer „Volksaufklärer" vgl. Cushing (wie Anm. 26), S. 28–32; zur Biographie Eckart/Gradmann (wie Anm. 26), S. 115f.

[249] vgl. Boas (wie Anm. 2), S. 154 und 157; zu Berengario vgl. Anm. 205 und 206

[250] vgl. oben Anm. 230–234; Leonardo dachte primär allerdings an die Künstlerausbildung!

[251] vgl Vesals „Fabrica" (wie Anm. 13), Einleitung Doppelseite 3: „… illi vero, quibus manus artificium committeretur, indoctiores essent, quam ut dissectionis professorum scripta intellegerent."

[252] Man denke hier nur an Petrarcas Schmähung der Ärzte als Handwerker, vgl. Invectiva contra medicum quendam I, 5–7 (Quod enim nomen habere potest mercennarius et infamis artifex?); zum „manus artificium" bei Vesal vgl. Fichtner (wie Anm. 23); vgl. ferner R. Hildebrand, Zum Bilde des Menschen in der Anatomie der Renaissance: Andreae Vesalii, De humani corporis fabrica libri septem. Basel 1543, in: Annals of Anatomy (1996) 178, S. 375–384

[253] vgl. hierzu M. Rippa Bonati, L'anatomia „teatrale" nelle descrizioni e nell'iconografia, in: I teatro anatomico – Storia e restauri. Hrsg. von Camillo Semenzato. Padua 1994, S. 55–81, hier S. 63. Leonardo da Bertapaglia betont in seiner Schrift „De antidotis", in zwei Autopsien „propriis manibus" seziert zu haben

[254] abgedruckt bei Eriksson (wie Anm. 5), S. 292

die über das Quadrivium mit Kunst, „Perspektive" und Medizin verwandte, von Leonardo wie ihm selbst hochgeschätzte Mathematik bestätigte seiner Meinung nach, „wie sehr Bilder beim Verständnis helfen und einem viel präziser als selbst die ausführlichste Erläuterung eine Sache vor Augen führen"[255].

Seine Leistung als Anatom und Autor überragte so letztendlich doch diejenige des kritischen Philologen. Sein Anteil an der 1541/42 bei Giunta erschienenen, 59 Schriften des Pergameners einschließenden Gesamtausgabe war relativ gering, wenn auch von hoher Qualität[256]. Er edierte nur, wie uns sein Freund und Mitstudent John Caius berichtet[257], die beiden anfangs genannten Abhandlungen[258] über die Präparation von Venen und Nerven. Frühere bei Giunta verlegte Galen-Ausgaben waren kaum mehr als Reprints einer in humanistischen Augen untauglichen Edition gewesen, die 1516 in einem kleinen Verlag in Pavia erschienen war. Der Verlagsleiter Agostino Gadaldino, selbst mit humanistischem Anspruch, konnte ihm für dieses Projekt ältere Handschriften beschaffen, „damit er sie", wie Caius notierte, „bei seinen Verbesserungen der lateinischen anatomischen Galentexte benutzen konnte"[259]. Auch sein übriger Freundeskreis versuchte, „aus den verschiedenen Bibliotheken Italiens die ältesten Manuskripte aufzuspüren, so daß die Werke, die gedruckt wurden, in ihrem alten Glanz verglichen und verbessert werden konnten", wie Gadaldino in einem Brief mitteilte[260]. Humanisten und Ärzte kooperierten nunmehr auf das engste. Herausgeber des Werks war der Paduaner Medizinprofessor Giovanni Battista del Monte, ein offensichtlich begabter Hochschullehrer, der auf didaktische Qualität Wert legte und Studenten, vielleicht erstmals an einer medizinischen Fakultät, systematisch am Krankenbett ausbildete[261]. Begeistert rühmte der deutsche Student Wolfgang Meurer 1544 – in einem Brief an Georg Agricola – seinen Unterricht[262].

---

[255] Das Zitat findet sich in der Karl V. gewidmeten Einleitung der „Fabrica", wie Anm. 13, dort Doppelseite 4: „Quantum vero picturae illis intelligendis opitulentur, ipsorum etiam vel explicatissimo sermone rem exactius ob oculos collocent. Vgl. hierzu auch Fichtner (wie Anm. 23), S. 12

[256] Cushing (wie Anm. 26)

[257] zu Caius vgl. O'Malley (wie Anm. 5), S. 101–106

[258] vgl. Anm. 26. Es handelte sich um die Schriften „De venarum arteriarumque dissectione" und „De nervorum dissectione"

[259] zit. nach O'Malley (wie Anm. 5) S. 102

[260] O'Malley, loc. cit.

[261] zu Giovanni Battista del Monte vgl. ausführlich A. Lorenzi, L. Premuda, C. Riga, L'Ospedale Civile di Padova. Il suo rinnovamento, la sua storia, le sue moderne attrezzature al servizio dell'uomo. Padova 1968

[262] vgl. O'Malley (wie Anm. 5), S. 197f.; zu Agricola vgl. Anm. 3. Meurers Brief, der nicht erhalten ist, läßt sich aus Agricolas Antwortschreiben rekonstruieren

Vesal erlangte auf Grund zahlreicher durch Sektionen ermöglichter Neuentdeckungen sowie dank seiner kritischen Überarbeitungen autoritativer Texte in der Medizingeschichte zu Recht hohen Ruhm, wobei er zu seiner großen Freude – in echt humanistischer Manier – oft genug die Aussagen der „auctoritates" bestätigt fand und seine Ergebnisse durch deren Zitate belegte[263]. Ihre Schriften lagen seit Ende des 15. Jahrhunderts in mehreren, in kurzen Abständen verbesserten Auflagen vor[264]. Dem lateinischen Erstdruck der Werke Galens, der z. T. noch auf sehr alten Übersetzungen, etwa durch den Juristen Burgundius von Pisa (12. Jh.), beruhte und 1490 von dem Arzt Diomedes Bonardus aus Brescia herausgegeben wurde[265], folgte eine weitere Inkunabelgesamtausgabe, die 1498 bei Bevilacqua ebenfalls in Venedig erschien. In *griechischer* Sprache wurden vor 1500 allerdings nur die naturwissenschaftlichen bzw. medizinischen Werke von Aristoteles, Theophrast und Dioskurides gedruckt[266]. Wie zuletzt Vivian Nutton unterstrichen hat, kam natürlich der lange ersehnten ersten griechischen Gesamtausgabe Galens, die 1525 in Venedig im berühmten Verlagshaus von Aldus Manutius erschien (viele Arzthumanisten wie Leonhart Fuchs oder Janus Cornarius profitierten von ihr[267]), eine besondere Bedeutung zu[268]. Ihr folgte eine Fülle von Neueditionen antiker griechischsprachiger Medizintexte, die – etwa eine Generation später – in der Herausgabe der medizinischen Schriften des byzantinischen Autors Johannes Actuarius ihren Abschluß fand[269]. Ende des Jahrhunderts erschienen allerdings bei Giunta und Wechel noch wichtige Hippokratesausgaben (1588 und 1599)[270].

Der „humanistisch" akzentuierte Protest Vesals richtete sich primär gegen die schlechte Tradierung autoritativer antiker Werke, die man seit Petrarca im allgemeinen den Arabern und ihren „Kommentatoren" in die Schuhe schob[271].

---

[263] Der Text der „Fabrica" weist derart viele, gleichsam zur Rückversicherung benützte Galenzitate und -bezüge auf, daß sie hier nicht einzeln dargestellt werden können

[264] vgl. hierzu Baader (wie Anm. 17), besonders S. 60–64

[265] Der Druck erfolgte bei Filippo Pinzio de Caneto in Venedig, vgl. Baader (wie Anm. 17), S. 56

[266] nämlich bei Aldus Manutius, vgl. Nutton (wie Anm. 202), hier S. 20

[267] vgl. auch Baader (Anm. 17), S. 65f.

[268] vgl. Nutton (wie Anm. 202), S. 17; ferner ders. (wie Anm. 155), S. 184f.

[269] vgl. Nutton (wie Anm. 202), hier S. 17 und 20. 1526 lag Hippokrates, 1528 Paulus von Ägina, 1534 (inkomplett) Aetius gedruckt vor, während die Werke von Aretaios, Alexander von Tralles, Rufus von Ephesus, Soranus und Oreibasios in den Vierzigerjahren erschienen

[270] vgl. Nutton (wie Anm. 202), S. 17 und 23

[271] vgl. Petrarca, Invectiva contra medicum quendam III, 100–103. Petrarca bemitleidet an dieser Stelle Aristoteles, „qui ... dextram suam oderit, quia illa scripsit, que, paucis intellecta, per ora multorum ignorantium volitarent". Hierzu Vesal, Fabrica (Vorwort) (wie Anm 13), Doppelseite 2 („quod primarium eius instrumentum manus operam in curando adhibens, sic neglectum est, ut ad plebeios et disciplinis medicinae arti subservientibus neutiquam instructus, id quasi videatur esse demandatum")

Seine Hochachtung vor der „prisca anatomia" verband ihn dabei mit vielen seiner Gegner, so dem erwähnten Sorbonne-Professor Jacques Dubois, der Galen dezidiert als „einzig wahren Arzt" bezeichnete[272]. Daß Vesal durch seine kritischen Vergleiche mit den alten Autoren unzählige Neuentdeckungen gelangen und er schließlich der eigenen Beobachtung mehr vertraute als dem gesicherten Originaltext, ließ ihn bereits in den Augen der Zeitgenossen[273] als kritischen, ja „revolutionären" Naturwissenschaftler erscheinen, der die von der humanistischen Tradition vorgezeichneten Grenzen, d. h. den Glauben an die absolute Gültigkeit dieser Schriften, hinter sich ließ. Textvergleiche mit Galen hatten auch zur Folge, daß die „Fabrica" sich nicht mehr an Mondinos Sektionsordnung orientierte, die den Körper von innen nach außen beschrieben hatte, sondern mit der Beschreibung des Knochengerüsts begann[274]. Vesals Methodik – es sei noch einmal betont – setzte die Kenntnis der Neueditionen der bekannten, jedem Arzt aus seiner Studienzeit vertrauten Schriften voraus, zielte aber gleichzeitig auf das praktische *manus artificium*, wie es für den ärztlichen Alltag einige Jahrzehnte später (1585) auch der französische Chirurg Ambroise Paré in seiner „Apologie" anhand vieler Beispiele beschrieben hat[275]. Man hat in diesem Zusammenhang auch versucht, die nach 1535 rasch in Mode kommende anatomische Praxis mit *literarischen* Interessen an den zeitgenössischen Höfen, vor allem in Frankreich, zu begründen. So wurden die 1536 erschienenen „Blasons anatomiques", eine von Clement Marot, einem Hofdichter Franz' I. herausgegebene Anthologie durchaus schlüpfriger Gedichte über den weiblichen Körper, von J. Sawday als Ausdruck einer der Anatomie günstigen Grundstimmung am Königshof interpretiert[276]. Neben der „medizinischen" wird von der „poetischen" und „künstlerischen" Sektion gesprochen, Spielarten einer männlichen „Salonmode", die den weiblichen Körper zunächst verbal „durchdringen" sollten und tatsächlich auch bestimmte von Künstlern wie Andrea del Sarto, Cellini und Leonardo dargestellte Motive erklären könnten[277].

Für Vesal, der in der Einleitung zur „Fabrica", unter rhetorischer Berufung auf Hippokrates und Platon, der Anatomie innerhalb der Medizin eine Vor-

---

[272] Dubois war im übrigen einer von Vesals Pariser Lehrern. Vgl. Baader (wie Anm. 40), S. 192
[273] Bezeichnend ist, daß Vesal von Karl V. 1556 zum Comes Palatinus ernannt wurde, vgl. Rath (wie Anm. 205), S. 6
[274] hierzu ausführlich Hildebrand (wie Anm. 252), S. 377
[275] vgl. Ambroise Paré, Rechtfertigung und Bericht über meine Reisen in verschiedene Orte. Übersetzt und eingeleitet von H. Ackerknecht. Bern 1963
[276] vgl. Sawday (wie Anm. 236), S. 193f.
[277] Sawday, loc. cit. S. 194

rangstellung einräumte[278], Paris und somit den möglichen Einfluß Marots aber bereits 1536, dem Erscheinungsjahr der „Blasons", verlassen hatte, stand schließlich fest: Die Diskrepanz zwischen Sektionsbefund und Galentext war, von der Möglichkeit falscher Übersetzungen abgesehen, nur dadurch erklärbar, daß der Pergamener nicht menschliche Körper, sondern Affen und andere Tiere seziert hatte[279]. Es war für den jungen Professor, bei allem Respekt, dabei nicht ohne Reiz, mit Galen auch einmal *nicht* übereinzustimmen, indem er etwa nachweisen konnte, daß die Venae Cavae nicht zur Leber, sondern zum Herzen führen[280]. Vesal wie Paré, der seine Publikationen ebenfalls mit Zitaten von Hippokrates, Galen, Celsus oder Avicenna untermauerte[281], lag aber *zunächst* daran, die originalen Aussagen der Alten zu rekonstruieren. Beider Feindbild galt nicht Galen, sondern der von Kollegen wie dem Bologneser Professor Matteo Corti[282] oder dem Pariser Dekan Etienne Gourmelen[283] verteidigten scholastisch-arabistischen Tradition, bei deren Bekämpfung ihnen nunmehr die Humanisten als Bundesgenossen zur Seite standen.

Weite Teile der Ärzteschaft hielten freilich weiterhin zu den hier zögerlichen Fakultäten. Auch die von den Humanisten initiierte Begeisterung für kritische Textausgaben, die trotz Ermolao Barbaros und Niccolò Leonicenos Korrekturen mehr auf Text*identität* als auf inhaltliche Kritik zielte[284], bestärkte manchen Arzt nur in seiner Autoritätsgläubigkeit. Vesal sah sich so, was seine aus dem Vergleich optimierter Textstellen und eigener Sektionsbefunde begründete Kritik an Hippokrates oder Galen betraf, einer Front von Gegnern gegenüber. Polemiken, Neid und Haß waren unter den Ärzten dieser Epoche an der Tagesordnung[285]. Man feilschte um Lehrstühle und Publikationsrechte und warf sich gegenseitig geistigen Diebstahl vor[286]. Wenn wir Cardano glauben dürfen, waren sogar Mord und Kriminalisierung Methoden der Auseinandersetzung[287]. Selbst Jugendfreunde wurden – wie im Fall von Caius und Vesal oder Camerarius und Fuchs – zu erbitterten Kontrahenten[288]. Intrigen ein-

---

[278] vgl. Vesal, Fabrica (wie Anm. 13), Einleitung (Doppelseite 3); vgl. auch Richardson (wie Anm. 23), S. l-li
[279] vgl. Vesal, Fabrica I, 19,194
[280] Boas (wie Anm. 2), S. 160
[281] vgl. Paré (wie Anm. 275), S. 16f.
[282] zu Corti vgl. Joutsivuo (wie Anm. 30), S. 223f.
[283] vgl. Ackerknecht (wie Anm. 275), S. 7
[284] vgl. S. 32f. und 37
[285] vgl. Rath (wie Anm. 205), S. 20
[286] so Camerarius Leonhart Fuchs, vgl. Heinze (wie Anm. 1), S. 14; auch Walter Ryff, Herausgeber zahlreicher bebilderter anatomischer Werke, scheint andere, bereits gedruckte Werke rücksichtslos kopiert zu haben, vgl. Cushing (wie Anm. 26), S. 21–29
[287] vgl. Cardano (wie Anm. 175), hier S. 94–103
[288] Heinze (wie Anm. 1), S. 14

flußreicher Kollegen wie des Vesal zunächst freundlich gesinnten Matteo Corti wurden durch zeitgenössische Berichte, etwa die Notizen des aus Liegnitz stammenden deutschen Studenten Baldassar Heseler (1509–1567) überliefert[289]. Vor allem Caius Britannicus wuchs, in völliger Fehlbeurteilung der vermeintlichen Herabsetzung Galens durch Vesal, zu dessen unbarmherzigem Kritiker heran, indem er ihm absichtliche Textmanipulationen vorwarf: „Als Andreas Vesalius und ich eine Wohnung bewohnten und unsere anatomischen Studien verglichen, wollte er an einigen Manuskripten mit Interpolationen eines alten Codex diese ausradieren. Ich war mir aber nicht sicher, ob das, was er ausradierte, aus dem Codex stammte oder von einem Übersetzer eingefügt war"[290]. In seiner Autobiographie „De libris propriis" bemerkt er: „Ich warnte den Leser dieser Kommentare bzw. Annotationes vor einigen Stellen in den anatomischen Werken Galens, die Vesal verdorben hat, als Antonio Giunta, der venezianische Drucker ihn bat, die Aufgabe der Überarbeitung des Textes zu übernehmen"[291]. Während die ärztliche Elite vom Gedanken an die Versöhnung von „studia humanitatis" und Medizin geprägt war, teilte der Streit zwischen den beiden „Kulturen" zwischen 1530 und 1550 die Kollegenschaft. Die Übernahme humanistischer Methodik und Denkweise in die ärztliche Forschung erschien vielen Medizinern noch problematisch. Andererseits war die Tatsache, daß unter den Ärzten bzw. Anatomen eine Art philologisch-methodischer Streit entstehen konnte, aber auch der beste Beweis dafür, daß der humanistische Diskurs ihre Disziplin entscheidend zu verändern begann. „Colligite fragmenta, ne perdeant", schrieb bereits um 1500 der erwähnte Nürnberger Arzt-Humanist Hartmann Schedel in eines der wertvollen Bücher seiner Sammlung. Sammeln, Lesen, Interpretieren und Schreiben galt – neben dem von Vesal salonfähig gemachten ärztlichen „Handwerk" – als Ausdruck höchster *ärztlicher* Bildung[292]. Bezeichnend ist, daß selbst ein Humanist und Philologe vom Rang Melanchthons am Latein der „Fabrica" kaum etwas auszusetzen hatte![293]

Spätestens nach der erwähnten Drucklegung von Theophrasts „Pflanzengeschichte" (1497) und der „Materia Medica" des Dioskurides (1499)[294] wurden auch in der Botanik zunehmend Vergleiche von autoritativen Werken und realer Naturbeobachtung durchgeführt, um – ausgehend von immer „reine-

---

[289] vgl. Eriksson (wie Anm. 5), S 292
[290] vgl. O'Malley (wie Anm. 5), S. 107
[291] vgl. O'Malley, loc. cit.
[292] vgl. Schedel (Ausstellungskatalog) (wie Anm. 27), S. 7
[293] hierzu Nutton (wie Anm. 155), S. 185f.; Melanchthon kommentierte sein Fabrica-Exemplar mit Randbemerkungen!
[294] vgl. oben S. 44

ren" Originaltexten, möglichst in griechischer Sprache – Natur und „auctoritas" in Einklang zu bringen[295]. Die Pflanzenbeschreibungen des Plinius und anderer „auctoritates" wurden kritisch geprüft; 1517 wurde in Wittenberg nicht nur (wenn es so war!) Luthers Thesenblatt angeschlagen, sondern auch ein Lehrstuhl zur Erforschung der Schriften des römischen Gelehrten und Staatsmanns eingerichtet[296]. Der erste „maestro dell'orto" des 1545 gegründeten Paduaner Botanischen Gartens, Luigi Anguillara, hatte jahrelang den Orient bereist und galt als einer der führenden systematischen Pflanzensammler Europas[297]. Leonhart Fuchs verfügte dank seiner Studien in Erfurt und Ingolstadt – er hatte sich dort außer in der Medizin unter anderem in Grammatik, Rhetorik, Philosophie sowie den beiden alten Sprachen weitergebildet – über eine brillante Allgemeinbildung und schien hier durchaus Vesal vergleichbar, den er wahrscheinlich im Feldlager Karls V. kennenlernte[298]. Seine in den bereits erwähnten „Errata"[299] an „Arabisten" und konservativen Arztkollegen geübte Kritik fiel in Deutschland sofort auf fruchtbaren Boden[300]. Am Ansbacher Hof des Markgrafen von Brandenburg verfaßte Fuchs weitere kritische Bücher und Übersetzungen, wobei er in seinem bevorzugten Forschungsgebiet, der Botanik – wie Vesal in der Anatomie – im Zweifelsfall der eigenen Naturbetrachtung den Vorzug gab. Seit 1535 Professor in Tübingen, lehnte er 1544 eine wohl auf Vesals Empfehlung ausgesprochene Einladung nach Pisa ab, wo man ihm die Leitung des dortigen botanischen Gartens angeboten hatte[301]. Während sein 1551 veröffentlichtes Anatomielehrbuch „De humani corporis fabrica ex Galeni et Andreae Vesalii libris concinnata" bereits vom Titel her Vesals Vorbild verriet, beruhte der Ruhm dieses Arzthumanisten vor allem auf seinem 1542 erschienenen Kräuterbuch „De historia stirpium commentarii", das, von der einzigartigen Qualität der Abbildungen abgesehen, Schwächen der Vorläuferwerke von Otto Brunfels (1530–32) und Hieronymus Bock (1539) ausglich und eine neue, der Anatomie Vesals vergleichbare kritische Naturbeobachtung verriet[302]. Wie Vesal und Leonardo hatte Fuchs die

---

[295] vgl. Sonntag (wie Anm. 6), S. 69
[296] vgl. A. Buck, Studia humanitatis. Gesammelte Aufsätze 1973–1980. Festgabe zum 70. Geburtstag. Hrsg. von B. Guthmüller, K. Kohut und O. Roth. Wiesbaden 1981, hier S. 19
[297] vgl. K. Bergdolt, Medizin und Naturwissenschaften zur Zeit Karls V., in: Kaiser Karl V. (1500–1558). Macht und Ohnmacht Europas. Ausstellungskatalog. Bonn/Wien 2000, S. 99–107, hier S. 102
[298] vgl. Heinze (wie Anm. 1), S. 17
[299] vgl. Anm. 216
[300] Otto Brunfels übernahm den pharmakologischen Teil 1532 in den zweiten Band seines Pflanzenbuches „Novi herbarii", vgl. Zitter (wie Anm. 215), S. 69
[301] Heinze (wie Anm. 1), S. 17
[302] Heinze, S. 17–20

Bedeutung der wissenschaftlichen Illustration erkannt und beauftragte hervorragende Künstler mit der Herstellung von Holzschnitten. Namen, Aussehen, Standort, Wachstumszeit und medizinische Wirkung von fast 500 Pflanzen wurden in alphabetischer Reihenfolge mitgeteilt. Ein Jahr später (1543) lag, vor allem für Laien, eine deutsche Fassung vor[303]. Wie bei Vesals „Fabrica" erschienen auch von Fuchs' „New Kreüterbuch" weitere Auflagen, aber auch mehrere Raubkopien. Bis 1563 verfaßte der Autor ein weiteres dreibändiges Werk mit 1500 handkolorierten Zeichnungen, für das er allerdings, trotz verzweifelter Bemühungen, angesichts der Kostspieligkeit der Abbildungen, keinen Verleger fand. Die „kritische Wiederbelebung der Botanik"[304] nach 1500, die sich gerade in den (meist in Deutschland erschienenen) Kräuterbüchern und in der Gründung botanischer Gärten widerspiegelte, stand in engem Zusammenhang mit dem „Aufbruch" der zeitgenössischen Heilkunde, die sich in der Therapie weiterhin auf die nunmehr allerdings kritisch gesichtete und modifizierte „materia medica" stützte.

Um 1500 schienen Medizin und Geisteswissenschaften auf der Basis von philologischer Leidenschaft und kritischer Würdigung der alten Autoritäten versöhnt, zumindest, was ihre herausragenden Vertreter anging. Die „studia humanitatis" hatten die Ärzteschaft erneut, nunmehr auf philologischer Basis, auf die antiken Wurzeln ihrer Fachliteratur zurückgeworfen, gleichzeitig aber, etwa in der Anatomie, einen neuen Aufbruch zu Empirie und Praxis in Gang gesetzt. Allerdings blieben die medizinischen Fakultäten bis zum späten 18. Jahrhundert – mit lokalen Unterschieden – vom scholastischen Traditionalismus und Formalismus bedroht[305].

Andererseits emanzipierten sich in den folgenden Dekaden einige Ärzte radikal von der Vergangenheit, indem sie „die Fesseln der Renaissance"[306], d. h. auch der *humanistischen* Tradition im engeren Sinn, hinter sich ließen. Der Arzt Cardano, der es nach eigenen Worten wagte, „in einigen Punkten ein klein wenig, nicht viel, wie man glauben möchte, von der allgemeinen Ansicht abzuweichen", definierte in seiner „Lebensbeschreibung" (1575/76) ein zwar von Scholastik und Humanismus *beeinflußtes*, letztlich aber von Autoritäten unabhängiges Ausbildungsideal: „Diese Bildung wird erworben durch tiefe und ständige geistige Anspannung und Aufmerksamkeit, durch die Fertigkeit, Beziehungen zwischen den Dingen zu schaffen, in die man eine gute Einsicht gewonnen hat, durch bessere Grundsätze als die eines Galen, der stets im

---

[303] Heinze, loc. cit. S. 21
[304] zit. nach E. Ackerknecht, Therapie von den Primitiven bis zum 20. Jahrhundert. Mit einem Anhang. Geschichte der Diät. Stuttgart 1970, S. 62
[305] hierzu Buck (wie Anm. 43)
[306] vgl. Nuland (wie Anm. 20), S. 7

Eifer des Widerspruchs lebte; nicht durch die unbestimmten und teilweise falschen ... und nur scheinbar richtigen Grundsätze eines Plotin, sondern durch bestimmtes und sicheres Urteil, durch Alter, durch scharfsinnige Intuition und durch die Anwendung jener schon oft erwähnten fünf Arten der Erfahrung"[307]. Dies war eine Absage an die tradierten Weisheiten, welche die meisten zeitgenössischen Scholastiker *und* Humanisten seiner Überzeugung nach auf geradezu bedenklich kritiklose Weise übernahmen. Neben der Beschäftigung mit der Geschichte[308] empfahl Cardano dem wirklich Weisen, „mit wenigem als mit vielem sich zu befassen, mit diesem wenigen aber gewissenhaft und beharrlich; er möge sich dabei vor allem das auswählen, was den Menschen und in erster Linie ihm selbst von greifbarem Nutzen ist, und stets Grundsätze wählen, die wahr und im Zusammenhang brauchbar sind"[309]. Präutilitaristische Ansätze ersetzen hier die traditionelle Moralphilosophie.

Auch mit Paracelsus (1493–1541) hatte sich bereits ein Arzt zu Wort gemeldet, der jede scholastische, aber auch autoritätsgebundene humanistische Gelehrtentradition entschlossen ablehnte und die Schulmedizin mehr verachtete als wahrscheinlich je ein Humanist vermocht hatte. Paracelsus und Cardano hielten Sprache, Methodik und Selbstverständnis der Scholastik im Alltag der Medizin nicht mehr für effektiv, standen aber auch den in Mode gekommenen humanistischen Schulen skeptisch gegenüber. Doch stellten diese unabhängigen Geister, deren medizinische Kompetenz und Leistung nicht unumstritten blieben, im 16. Jahrhundert eine radikale Minderheit dar. Der ärztliche Zeitgeist jedenfalls war von Vesal und dem Gedanken der Versöhnung von „studia humanitatis" und Medizin geprägt, die sich mancherorts allerdings schwierig gestaltete.

---

[307] Cardano (wie Anm. 175), S. 144
[308] vgl. Anm. 171–175
[309] Cardano (wie Anm. 175), S. 144f.

## Veröffentlichungen
## der Nordrhein-Westfälischen Akademie der Wissenschaften

### Neuerscheinungen 1990 bis 2001

*Vorträge G*
*Heft Nr*  GEISTESWISSENSCHAFTEN

| | | |
|---|---|---|
| 302 | Friedrich Ohly, Münster | Metaphern für die Sündenstufen und die Gegenwirkungen der Gnade |
| 303 | Harald Weinrich, München | Kleine Literaturgeschichte der Heiterkeit |
| 304 | Albrecht Dihle, Heidelberg | Philosophie als Lebenskunst |
| 305 | Rüdiger Schott, Münster | Afrikanische Erzählungen als religionsethnologische Quellen, dargestellt am Beispiel von Erzählungen der Bulsa in Nordghana |
| 306 | Hans Rothe, Bonn | Anton Tschechov oder Die Entartung der Kunst |
| 307 | Arthur Th. Hatto, London | Eine allgemeine Theorie der Heldenepik |
| 308 | Rudolf Morsey, Speyer | Die Deutschlandpolitik Adenauers. Alte Thesen und neue Fakten |
| 309 | Joachim Bumke, Köln | Geschichte der mittelalterlichen Literatur als Aufgabe |
| 310 | Werner Sundermann, Berlin | Der Sermon von der Seele. Ein Literaturwerk des östlichen Manichäismus |
| 311 | Bruno Schüller, Münster | Überlegungen zum ‚Gewissen' |
| 312 | Karl Dietrich Bracher, Bonn | Betrachtungen zum Problem der Macht |
| 313 | Klaus Stern, Köln | Die Wiederherstellung der deutschen Einheit – Retrospektive und Perspektive Jahresfeier am 28. Mai 1991 |
| 314 | Rainer Lengeler, Bonn | Shakespeares *Much Ado About Nothing* als Komödie |
| 315 | Jean-Marie Valentin, Paris | Französischer „Roman comique" und deutscher Schelmenroman |
| 316 | Nikolaus Himmelmann, Bonn | Archäologische Forschungen im Akademischen Kunstmuseum der Universität Bonn. Die griechisch-ägyptischen Beziehungen |
| 317 | Walther Heissig, Bonn | Oralität und Schriftlichkeit mongolischer Spielmanns-Dichtung |
| 318 | Anthony R. Birley, Düsseldorf | Locus virtutibus patefactus? Zum Beförderungssystem in der Hohen Kaiserzeit |
| 319 | Günther Jakobs, Bonn | Das Schuldprinzip |
| 320 | Gherardo Gnoli, Rom | Iran als religiöser Begriff im Mazdaismus |
| 321 | Claus Vogel, Bonn | Mīramīrasutas Asālatiprakāśa – Ein synonymisches Wörterbuch des Sanskrit aus der Mitte des 17. Jahrhunderts |
| 322 | Klaus Hildebrand, Bonn | Die britische Europapolitik zwischen imperialem Mandat und innerer Reform 1856–1876 |
| 323 | Paul Mikat, Düsseldorf | Die Inzestverbote des Dritten Konzils von Orléans (538). Ein Beitrag zur Geschichte des Fränkischen Eherechts |
| 324 | Hans Joachim Hirsch, Köln | Die Frage der Straffähigkeit von Personenverbänden |
| 325 | Bernhard Grossfeld, Münster | Europäisches Wirtschaftsrecht und Europäische Integration |
| 326 | Nikolaus Himmelmann, Bonn | Antike zwischen Kommerz und Wissenschaft Jahresfeier am 8. Mai 1993 |
| 327 | Slavomír Wollman, Prag | Die Literaturen in der österreichischen Monarchie im 19. Jahrhundert in ihrer Sonderentwicklung |
| 328 | Rainer Lengeler, Bonn | Literaturgeschichte in Noten Überlegungen zur Geschichte der englischen Literatur des 20. Jahrhunderts |
| 329 | Annemarie Schimmel, Bonn | Das Thema des Weges und der Reise im Islam |
| 330 | Martin Honecker, Bonn | Die Barmer Theologische Erklärung und ihre Wirkungsgeschichte |
| 331 | Siegmar von Schnurbein, Frankfurt/Main | Vom Einfluß Roms auf die Germanen |
| 332 | Otto Pöggeler, Bochum | Ein Ende der Geschichte? Von Hegel zu Fukuyama |
| 333 | Niklas Luhmann, Bielefeld | Die Realität der Massenmedien |
| 334 | Josef Isensee, Bonn | Das Volk als Grund der Verfassung |
| 335 | Paul Mikat, Düsseldorf | Die Judengesetzgebung der fränkisch-merowingischen Konzilien |
| 336 | Bernhard Grossfeld, Münster | Bildhaftes Rechtsdenken. Recht als bejahte Ordnung |

| | | |
|---|---|---|
| 337 | *Herbert Schambeck, Linz* | Das österreichische Regierungssystem. Ein Verfassungsvergleich |
| 338 | *Hans-Joachim Klimkeit, Bonn* | Manichäische Kunst an der Seidenstraße |
| 339 | *Ernst Dassmann, Bonn* | Frühchristliche Prophetenexegese |
| 340 | *Nikolaus Himmelmann, Bonn* | Sperlonga. Die homerischen Gruppen und ihre Bildquellen |
| 341 | *Claus Vogel, Bonn* | Zum Aufbau altindischer Sanskritwörterbücher der vorklassischen Zeit |
| 342 | *Hans Joachim Hirsch, Köln* | Rechtsstaatliches Strafrecht und staatlich gesteuertes Unrecht |
| 343 | *Hans-Peter Schwarz, Bonn* | Der Ort der Bundesrepublik Deutschland in der deutschen Geschichte |
| 344 | *Gunther Jakobs, Bonn* | Die strafrechtliche Zurechnung von Tun und Unterlassen |
| 345 | *Paul Mikat, Düsseldorf* | Caesarius von Arles und die Juden |
| 346 | *Gustav A. Lehmann, Göttingen* | Oligarchische Herrschaft im klassischen Athen |
| 347 | *Ludwig Siep, Münster* | Zwei Formen der Ethik |
| 348 | *Rüdiger Schott, Münster* | Orakel und Opferkulte bei Völkern der westafrikanischen Savanne |
| 349 | *Nikolaus Himmelmann, Bonn* | Tieropfer in der griechischen Kunst |
| 350 | *Klaus Stern, Köln* | Verfassungsgerichtsbarkeit und Gesetzgeber |
| 351 | *José Vitorino de Pina Martins, Lissabon* | Erasme à l'origine de l'Humanisme en Allemagne |
| 352 | *Rudolf Schieffer, München* | Der geschichtliche Ort der ottonisch-salischen Reichskirchenpolitik |
| 353 | *Wolfgang Kluxen, Bonn* | Perspektiven der Wirtschaftsethik |
| 354 | *Otto Pöggeler, Bochum* | Lyrik als Sprache unserer Zeit? Paul Celans Gedichtbände |
| 355 | *Georg Petzl, Köln* | Die Beichtinschriften im römischen Kleinasien und der Fromme und Gerechte Gott |
| 356 | *Bernhard Grossfeld, Münster* | Recht als Leidensordnung |
| 357 | *Nikolaus Himmelmann, Bonn* | Attische Grabreliefs |
| 358 | *Konrad Repgen, Bonn* | Der Westfälische Friede: Ereignis, Fest und Erinnerung |
| 359 | *Johannes Kunisch, Köln* | Loudons Nachruhm |
| 360 | *Claus Vogel, Bonn* | Die Anfänge des westlichen Studiums der altindischen Lexikographie |
| 361 | *Josef Isensee, Bonn* | Vom Stil der Verfassung |
| 362 | *Hans Rothe, Bonn* | Was ist „altrussische Literatur"? |
| 363 | *Herbert Schambeck, Linz* | Politische und rechtliche Entwicklungstendenzen der europäischen Integration |
| 364 | *Bernhard König, Köln* | Transformation und Deformation: Vergils *Aeneis* als Vorbild spanischer und italienischer Ritterdichtung |
| 365 | *Ursula Peters, Köln* | Text und Kontext: Die Mittelalter-Philologie zwischen Gesellschaftsgeschichte und Kulturanthropologie |
| 366 | *Klaus Tipke, Wentorf* | Besteuerungsmoral und Steuermoral |
| 367 | *Fritz Ossenbühl, Bonn* | Die Not des Gesetzgebers im naturwissenschaftlich-technischen Zeitalter |
| 368 | *Otto Zwierlein, Bonn* | Antike Revisionen des Vergil und Ovid |
| 369 | *Roger Goepper, Köln* | Aspekte des traditionellen chinesischen Kunstbegriffs |
| 370 | *Peter Wunderli, Düsseldorf* | Realitätskonstitution und mythischer Ursprung. Zur Entwicklung der italienischen Schriftsprache von Dante bis Salviati |
| 371 | *Clemens Zintzen, Mainz* | Aufgaben einer Akademie – heute |
| 372 | *Paul Michael Lützeler, St. Louis* | Napoleons Kolonialtraum und Kleists „Die Verlobung in St. Domingo" |
| 373 | *Nikolaus Himmelmann, Bonn* | Die private Bildnisweihung bei den Griechen |
| 374 | *Bernhard Grossfeld, Münster* | Rechtsvergleichung |
| 375 | *Jürgen Untermann, Köln* | Die vorrömischen Sprachen der iberischen Halbinsel |
| 376 | *Jürgen C Jacobs, Wuppertal* | Der Fürstenspiegel im Zeitalter des aufgeklärten Absolutismus. Zu Wielands „Goldenem Spiegel" |
| 377 | *Radoslav Katičić, Wien* | Auf den Spuren sakraler Dichtung des slawischen und des baltischen Heidentums |
| 378 | *Wolfgang Kluxen, Bonn* | *Lex naturalis* bei Thomas von Aquin |
| 379 | *Klaus Bergdolt, Köln* | Zwischen „scientia" und „studia humanitatis". Die Versöhnung von Medizin und Humanismus um 1500 |
| 380 | *Martin Honecker, Bonn,*<br>*Karl Kertelge, Münster* | Zur ökumenischen Debatte um die „Rechtfertigung" |

MIX
Papier aus verantwortungsvollen Quellen
Paper from responsible sources
FSC® C105338

If you have any concerns about our products,
you can contact us on
**ProductSafety@springernature.com**

In case Publisher is established outside the EU,
the EU authorized representative is:
**Springer Nature Customer Service Center GmbH
Europaplatz 3, 69115 Heidelberg, Germany**

Printed by Libri Plureos GmbH
in Hamburg, Germany